DIE BRENNSTOFFE UND IHRE VERBRENNUNG

EIN VORTRAG

auf Veranlassung der „Wärmetechnischen
Beratungsstelle der deutschen Glasindustrie"

gehalten von

DR. GUSTAV KEPPELER

Professor an der Technischen Hochschule Hannover

München und Berlin 1922
Druck und Verlag von R. Oldenbourg

Vorwort.

Das vorliegende Schriftchen verdankt seine Entstehung Vorträgen, die der Verfasser im vergangenen Jahre auf Veranlassung der Wärmetechnischen Beratungsstelle der deutschen Glasindustrie (W. B. G.), Frankfurt a. M., auf wärmetechnischen Fortbildungskursen für Betriebsbeamte der Glasindustrie in Hannover, Düsseldorf, Ilmenau und Görlitz gehalten hat. Der Zweck dieser Kurse verlangte eine Darstellung, die möglichst wenig Voraussetzungen an die Vorbildung der Zuhörer stellte, darum wurde der Behandlung des eigentlichen Themas die Besprechung einiger grundlegender Tatsachen der Chemie vorausgeschickt.

Der Vortrag bildete mit einem vorhergehenden Abriß über die Grundlagen der Wärmelehre die Einleitung des Lehrgangs; ihm folgten Vorträge über Gaserzeuger und industrielle Ofenfeuerungen (Quasebarth), Temperaturmessung (Maurach), Druck- und Zugmessungen (Klaften), sowie praktische Übungen in Glashütten. Der Inhalt des Vortrages mußte sich also darauf beschränken, die grundlegenden Eigenschaften der verschiedenen Brennstoffarten und die wichtigsten Erscheinungen, die bei ihrer Verbrennung zutage treten, zu schildern. Da eine sparsame und somit verständnisvolle Verwendung der Brennstoffe ohne die Kenntnis dieser Gegenstände nicht stattfinden kann, glaubt der Verfasser, daß das vorliegende Schriftchen nicht nur den Hörern der Vorträge, sondern auch einem weiteren Kreise von Nutzen sein dürfte.

Hannover, im Februar 1922.

Der Verfasser.

Inhaltsverzeichnis.

_____

_____

Die Brennstoffe und ihre Verbrennung.

Begriff.

Verbrennung im weitesten Sinne des Wortes nennt man jeden chemischen Vorgang, der sich unter Licht- und Wärmeentwicklung vollzieht. Demnach könnte man jeden Stoff, mit dem man einen solchen Vorgang hervorrufen kann, einen Brennstoff nennen. Für praktische Bedürfnisse beschränken wir uns darauf, Brennstoffe nur solche Körper zu nennen, deren Wärmeentwicklung bei der Verbrennung im praktischen Leben zur Erzeugung von Wärme und Kraft herangezogen werden kann. In diesem engeren Sinne umfassen die Brennstoffe einen wesentlich kleineren Kreis von Stoffen. Im Grunde genommen gehen diese alle unmittelbar oder mittelbar zurück auf das organische Leben in der Natur. Alles, was dieses Leben aufbaut, sei es pflanzlichen oder tierischen Ursprungs, ist brennbar. Aber nicht immer sind die Form dieser Stoffe und die aufgebauten Mengen derart, daß sie für die Befriedigung praktischer Bedürfnisse in Frage kommen.

Ursprung der Brennstoffe.

Mit wenigen Ausnahmen, wie z. B. bei reichlichem Vorhandensein von Stroh oder Spreu, bleibt als einziger Brennstoff, den die Natur frisch, in »rezentem Zustand«, wie die Wissenschaft sagt, liefert, nur das Holz. Aber zu fast allen Zeiten der Erdgeschichte, in denen organisches Leben herrschte, hat an bestimmten Orten eine Anhäufung von abgestorbenen, in Zersetzung befindlichen Pflanzenmassen stattgefunden. In den Mooren sehen wir noch in schwachem Wachstum solche Pflanzenmassen befindlich, die in Jahrtausenden unsere Moore aufgebaut haben, denen wir jetzt den Torf in seinen verschiedenen Formen entnehmen. Nicht vom gleichen, aber ähnlichen Ursprung sind die Braunkohlen- und Steinkohlenlager. Sie sind aber viel älter. Sie gehören früheren Perioden der Erdgeschichte an, die Hunderttausende, ja Millionen von Jahren zurückliegen.

Einige Grundbegriffe der Chemie.

Über Brennstoffe und Verbrennung zu reden, ist — wenn das Mitgeteilte überhaupt Nutzen stiften soll — nicht möglich, ohne einige Grundbegriffe der Chemie zu benutzen. Es empfiehlt sich deshalb, zunächst diese Grundlagen zu erörtern. Freilich kann dies nur in der knappsten Form geschehen, die nur das

Wichtigste andeuten kann. Dabei wird nicht übersehen, wie schwierig es ist, demjenigen, der der Anschauungsweise des Chemikers bis jetzt fernsteht, diese Begriffe verständlich zu machen. Vielleicht gelingt es aber, durch einige Versuche die wichtigsten Vorgänge zu veranschaulichen und so das Verständnis derselben zu vermitteln.

Jede Verbrennung bedarf der Anwesenheit bestimmter Mengen Luft. Die Luft ist gewissermaßen die Nahrung, die den Verbrennungsvorgang unterhält. Ohne Luft kommt keine Verbrennung zustande und eine im Gang befindliche Verbrennung erstirbt, sobald die Luft fehlt. Es ist deshalb notwendig, uns zunächst mit dem Wesen der Luft zu beschäftigen. Zu diesem Zweck können wir folgenden Versuch anstellen. (Abb. 1). Eine Glasglocke ist

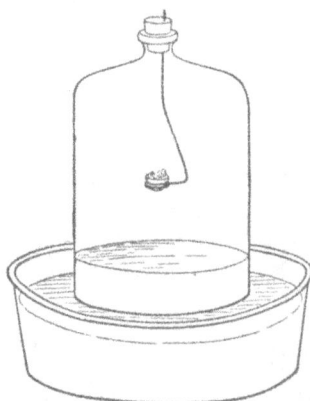

Abb. 1.

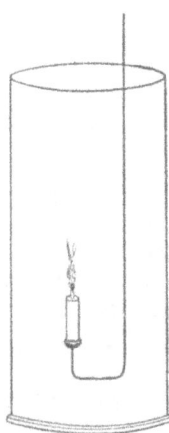

Die Kerze
im Stickstoff
erlischt

Abb. 2

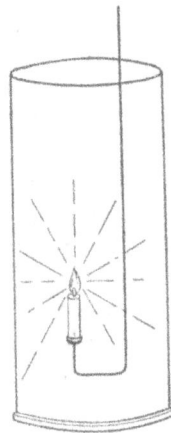

Die Kerze
im Sauerstoff
leuchtet hell auf

über gefärbtem Wasser aufgehängt. Sie ist von Luft erfüllt. Wir bringen in ein darin aufgehängtes Schälchen etwas Phosphor, der eine besonders niedrige »Entzündungstemperatur« hat. Es genügt die Berührung mit einem warmen Drahte, um den Phosphor zur Entzündung zu bringen. Wir verschließen die Glocke und nun tritt sogleich eine lebhafte Verbrennung des Phosphors ein. Wir benutzen mit voller Absicht den Phosphor zu dieser Vorführung, weil er uns ein festes Verbrennungsprodukt liefert, dessen Raum verhältnismäßig gering ist, so daß wir den Raum des entstehenden Produktes nicht zu berücksichtigen brauchen. Es treten starke weiße Nebel in der Glocke auf, die eben das Verbrennungsprodukt, das Phosphoroxyd, sind, das durch die Vereinigung von Phosphor mit bestimmten Luftbestandteilen entsteht. Wir lassen den Versuch weitergehen. Wir werden sehen, daß durch die Verbrennung gewisse Bestandteile der Luft aufgesogen werden.

Die Luft ist kein einheitlicher Körper. Es ist ein Gemenge von im wesentlichen zwei Gasen, und zwar von Sauerstoff und von Stickstoff.

Wir können, auch durch rein physikalische Methoden[1]), eine Trennung der Luft in ihre Bestandteile vollbringen. Wir können diese Bestandteile getrennt in 2 Glaszylinder gefüllt untersuchen. (Abb. 2). Wenn wir in den einen Teil eine brennende Kerze einführen, so erlischt die Kerze. Dieser Bestandteil der Luft ist nicht in der Lage, die Verbrennung zu unterhalten, sondern er erstickt sie. Wir nennen ihn deshalb Stickstoff. Der andere Teil der Luft, den wir im zweiten Zylinder in Reinheit vor uns sehen, ist ebenfalls ein Gas, das aber im Gegensatz zum Stickstoff die Verbrennung lebhaft entfacht. Ein glimmender Holzspan, den wir in diesen Stoff einführen, flammt neu auf und verbrennt lebhaft. Die Kerze, die sonst mit trübem Licht brennt, strahlt hier in hellem Glanz. Wir sehen also, daß nur der zweite Bestandteil der Luft die Verbrennung unterhält. Diesen nennen wir Sauerstoff.

Mittlerweile ist der Versuch, den wir vorhin in Gang gesetzt haben, abgelaufen. Wir sehen, wie die Nebel, die von der Verbrennung des Phosphors stammen, beginnen, sich niederzuschlagen, und wie das gefärbte Wasser in der Glocke hochsteigt. Bei genauer Betrachtung erkennen wir, daß von dem ursprünglichen Raum, den die Luft erfüllt hat, durch die Verbrennung etwa ein Fünftel verschwunden ist (siehe Abb. 1). Der Verbrennungsvorgang hat uns also den Sauerstoff, den wir im vorigen Versuch als denjenigen erkannt haben, der die Verbrennung unterhält, aus der Luft beseitigt und mit dem verbrannten Phosphor zusammen in feste Form übergeführt.

Wir sehen so, daß vier Fünftel der Luft, die die Verbrennung nicht unterhalten, Stickstoff sind, während der Teil, der die Verbrennung unterhält, der Sauerstoff, nur ein Fünftel ausmacht. Die genaueren Zahlen der Zusammensetzung der Luft sind in Raumteilen 21% Sauerstoff und 79% Stickstoff. Wir dürfen aber nicht glauben, daß der Stickstoffgehalt der Luft bei der Verbrennung ein unnötiger Ballast sei. Wir erinnern uns an Schillers Wort: »Wohltätig ist des Feuers Macht, wenn sie der Mensch bezähmt, bewacht.« Gerade diese Bezähmung, die Beherrschung des Feuers, die die Grundlage der praktischen Anwendung der Verbrennungsvorgänge ist, gelingt, weil der Stickstoff in der Luft die Wirkungen des Sauerstoffs mäßigt, denen nur wenig Materialien standhielten. Wäre die Atmosphäre, die uns umgibt, mit reinem Sauerstoff erfüllt, so wäre es nicht möglich, die üblichen Feuerungen zu benutzen. Unsere Feuerungsbaustoffe würden teils, wie das Eisen und andere Metalle, im Sauerstoff selbst verbrennen, teils in der entstehenden hohen Temperatur zusammenschmelzen.

In den beiden Bestandteilen der Luft, dem Stickstoff und dem Sauerstoff, haben wir gleichzeitig Vertreter der sog. »Grundstoffe«, der »Elemente« der Chemie kennen gelernt. Diese Grundstoffe werden so bezeichnet,

---

[1]) z. B. durch Verflüssigung der Luft und Abdunsten des flüchtigeren Teils.

weil sie mit chemischen Mitteln nicht weiter aufteilbar sind. So nun, wie es Grundstoffe gibt, die die Verbrennung unterhalten, und solche, die die Verbrennung ersticken, gibt es Elemente, die selbst verbrennen können. In praktischer Beziehung tritt uns unter diesen besonders häufig der Wasserstoff entgegen. Der Wasserstoff ist ein farbloses Gas und brennt mit kaum sichtbarer, blauer Flamme. Durch den Verbrennungsvorgang wird der Sauerstoff der umgebenden Luft mit dem Wasserstoff, der der Röhre entströmt, vereinigt, und zwar zu Wasser. Stülpen wir ein Becherglas über die Flamme, so sehen wir, wie an den kühlen Flächen sich sogleich das Wasser niederschlägt. Die vorher blanken Wände des Becherglases erscheinen wie behaucht. Umschließen wir das Becherglas mit den warmen Händen, so verflüchtigt sich der Beschlag, er »verdunstet« rasch, was uns anzeigt, daß es sich um Wasser handelt. Ein weiterer Nachweis, daß dieses Verbrennungserzeugnis Wasser ist, ist der, daß sich Wasser umgekehrt auf elektrischem Wege in Wasserstoff und Sauerstoff zerlegen läßt, was wir gleich durch den Versuch beweisen werden.

Es ist aber zunächst wichtig, daß wir uns auch mit den Mengenverhältnissen vertraut machen, die bei der Verbrennung eine Rolle spielen. Die Vereinigung der Elemente vollzieht sich in ganz einfachen Mengenverhältnissen. Jedem Element kommt, auf die Wirkungseinheit bezogen, ein bestimmtes Gewicht zu. Diese Einheit nennen wir »Atomgewicht« des Elements und verstehen darunter die Gewichtsmenge, die einem Gramm Wasserstoff in der Wirkung gleich ist. Wir wissen, daß 2 Atome Wasserstoff sich mit 1 Atom Sauerstoff verbinden, und geben den Elementen bestimmte Zeichen. Dem Wasserstoff, dem »Hydrogenium« geben wir das Zeichen H, sein Atomgewicht ist 1, dem Sauerstoff, dem Oxygenium, das Zeichen O; sein Atomgewicht ist 16. Den genannten Vorgang schreiben wir, wie man in der Algebra Gleichungen schreibt:

$$2H + O = H_2O.$$

2 g H entsprechen 16 g Sauerstoff, also verbrennen:

$$2H \quad + \quad O \quad = \quad H_2O$$

2 g Wasserstoff mit 16 g Sauerstoff zu 18 g Wasser.

Bisher haben wir die Elemente in gasförmigem Zustand kennen gelernt. Es gibt auch solche, die unter normalen Verhältnissen flüssig oder fest sind. Der Kohlenstoff ist ein Element in festem Zustand. Die Verbrennung von Kohlenstoff ist jedem geläufig. Und doch ist das Grundsätzliche dabei nicht genügend beachtet. Der feste Kohlenstoff verbrennt unter hellem Erglühen, aber ohne Flammenentwicklung. Er wird vom Sauerstoff aufgezehrt und geht dabei eine gasförmige Verbindung ein. Der feste Kohlenstoff verflüchtigt sich also gewissermaßen bei der Verbrennung. So natürlich und selbstverständlich uns dies erscheint, so ist es doch praktisch von der größten

Bedeutung. Der gasförmige Zustand der Verbrennungsprodukte gestattet uns, sie durch den Schornstein wegzuführen. Nur so ist es möglich, eine dauernd glatte Verbrennung in unseren Feuerungen aufrechtzuerhalten. Aus der Erfahrung heraus, die wir mit aschereichen Brennstoffen machen, können wir uns eine Vorstellung von den unüberwindlichen Schwierigkeiten machen, die eintreten würden, wenn sich unsere Brennstoffe nicht in flüchtige, sondern nur in feste Verbrennungsprodukte verwandelten.

Das gasförmige Verbrennungsprodukt des Kohlenstoffs ist bei vollkommener Verbrennung die Kohlensäure. 1 Atom Kohlenstoff verbrennt mit 2 Atomen Sauerstoff zu 1 Molekül Kohlensäure. Für Kohlenstoff ist das Atomgewicht 12, sein Atomzeichen C. Die Verbrennung des Kohlenstoffs in den chemischen Symbolen stellt sich also wie folgt dar:

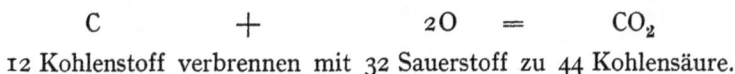

$$C \qquad + \qquad 2O \quad = \quad CO_2$$

12 Kohlenstoff verbrennen mit 32 Sauerstoff zu 44 Kohlensäure.

Ein späterer Versuch wird uns diese Verbrennung noch zeigen.

Das sind zwei Beispiele, die uns lehren, wie zwei verschiedenartige Elemente zu einem neuen Gefüge, zu einer »chemischen Verbindung« zusammentreten. Das einzelne Teilchen, das sich durch Zusammentreten mehrerer, manchmal sehr vieler Atome bildet, nennen wir »Molekül« und das ihm zukommende Einheitsgewicht »Molekulargewicht«. Das Molekulargewicht, kurz auch Molgewicht genannt, ist natürlich, wie das »Atomgewicht«, eine Verhältniszahl. Das wahre Gewicht eines Moleküls ist nur auf Grund verwickelter theoretischer Anschauungen zu errechnen. Wir sagen also **18** ist das Molekulargewicht des Wassers, **44** das der Kohlensäure.

Bei den obigen Darlegungen ist nun eine Vereinfachung getroffen, die der Wirklichkeit nicht entspricht. Unter normalen Umständen sind die Atome der genannten Elemente nicht frei existenzfähig. Sie verbinden sich unter sich zu Doppelatomen. Wir müssen also streng genommen schreiben:

Wasserstoff . . . H_2	Molgewicht	2
Sauerstoff . . . O_2	»	32
Stickstoff . . . . N_2	»	28

ferner:

$$2 H_2 + O_2 = 2 H_2O.$$

Diese Verdoppelung ist nicht nebensächlich, wie wir bald sehen werden.

Da, wie schon aus dem bisherigen hervorgeht, bei der Verbrennung der gasförmige Zustand eine besondere Rolle spielt, ist es von Wichtigkeit, die Raumverhältnisse zu beobachten, und diese gestalten sich besonders einfach. Wir können, um dieses zu erläutern, Wasser auf elektrischem Wege zerlegen, aber so, daß wir die beiden Bestandteile, den Wasserstoff und den Sauerstoff, an getrennter Stelle, und zwar in den Schenkeln des untenstehenden Apparates auffangen. (Abb. 3.) Sobald der Strom geschlossen wird, sehen wir von den die Pole bildenden Platinblechen in den Glasröhren Gasbläschen aufsteigen, die sich oben in den Röhren unter den Hähnen sammeln. Am negativen Pol ist die Gasentwicklung stärker. Bei näherer Betrachtung finden wir in dem den negativen Pol umschließenden Glasrohr genau die doppelte Gasmenge wie

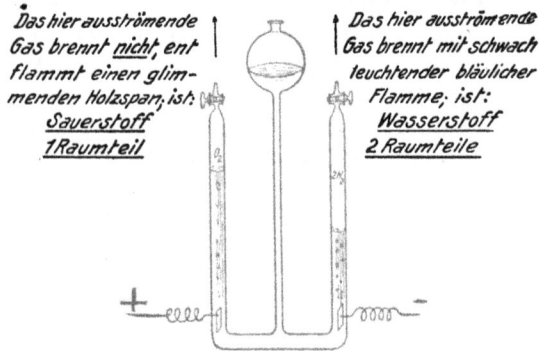

Das hier ausströmende Gas brennt nicht, entflammt einen glimmenden Holzspan, ist: Sauerstoff 1 Raumteil

Das hier ausströmende Gas brennt mit schwach leuchtender bläulicher Flamme, ist: Wasserstoff 2 Raumteile

Abb. 3.

im anderen angesammelt. Das in doppelter Menge angesammelte Gas kann beim Öffnen des Hahns entzündet werden. Es ist das brennbare Wasserstoffgas, während der andere Schenkel des Apparates Gas enthält, das uns den glimmenden Span zur neuen Flamme entfacht, den Sauerstoff. Man sieht also, daß die Zersetzung des Wassers uns die beiden Gase in den Raumverhältnissen liefert, wie die Elemente es zusammensetzen.

Wir lesen direkt aus dem Ausfall des Versuches ab:

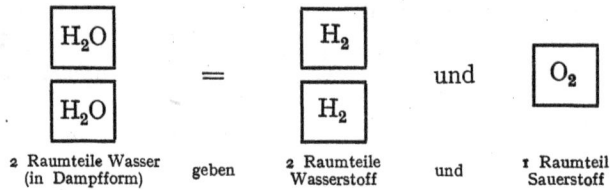

2 Raumteile Wasser (in Dampfform) — geben — 2 Raumteile Wasserstoff — und — 1 Raumteil Sauerstoff

Ganz genau so vollzieht sich jede Verbrennung von Gasen. Wenn wir das Kohlenoxyd, das nur 1 Sauerstoff und 1 Kohlenstoff enthält, mit Sauerstoff verbrennen, so verbrennen 2 Volumen Kohlenoxyd mit 1 Volumen Sauerstoff zu 2 Volumen Kohlensäure:

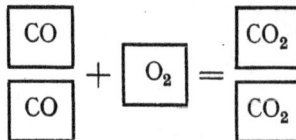

Es lassen sich also ohne weiteres aus der Gleichung, die wir für die Verbrennung anschreiben, die Raumverhältnisse für die Verbrennungsvorgänge ableiten. Es würde zu weit führen, auch dies im Versuch hier vorzuführen. Diese Vorgänge sind sehr leicht im Experiment darzustellen. Wir benutzen sie ja häufig in der Gasanalyse, um mit den besprochenen Gesetzmäßigkeiten die Menge der brennbaren Gase zu bestimmen.

Der tiefere Grund für die geschilderte einfache Gesetzmäßigkeit ist der, daß im Gaszustand alle Moleküle, welcher Art sie auch seien, unter denselben Bedingungen des Drucks und der Temperatur den gleichen Raum einnehmen. Würden wir von verschiedenen Gasen das dem Molekulargewicht entsprechende Gewicht in Gramm, kurz gesagt von jedem ein »Grammolekül« abwägen, so erhalten wir immer die gleiche Raummenge, und zwar auf den Normalzustand von 0⁰ und 760 mm Druck bezogen immer **22,41 Gas.** 2 g Wasserstoff nehmen den Raum von 22,4 g ein. Ebenso sind 32 g Sauerstoff unter den gegebenen Bedingungen 22,4 l, wie auch 44 g Kohlensäure und 28 g Kohlenoxyd den Raum von 22,4 l einnehmen.

Diese Zahl 22,4 l ist für alle Berechnungen von größtem Wert, weil mit ihr sich das Rechnen ungemein vereinfacht. ˙Insbesondere bietet sie uns den einfachen Schlüssel beim Übergang vom festen zum gasförmigen Zustand. Wir wissen, 1 Atom (12 g) Kohlenstoff verbrennt mit 1 Molekül Sauerstoff zu 1 Molekül Kohlensäure. 12 g Kohlenstoff liefern also, bei 0⁰ und 760 mm Druck gemessen, 22,4 l Kohlensäure. Es empfiehlt sich also dringend, diese Zahl **22,4** stets im Gedächtnis zu behalten.

Einige Folgerungen aus den eben mitgeteilten Gesetzmäßigkeiten sind in folgender Tabelle zusammengestellt:

Stoff	Formel	Molekulargewicht	verbrennt nach Gleichung	1 kg des Stoffes liefert bei der Verbrennung cbm	
Wasserstoff ..	H_2	2	$2 H_2 + O_2 = 2 H_2O$	$\dfrac{22,4}{2} = 11,2$ cbm H_2O	in Dampfform
Kohlenstoff ..	C	12	bei vollständiger Verbrennung $C + O_2 = CO_2$	$\dfrac{22,4}{12} = 1,86$ cbm CO_2	(Kohlensäure)
			bei unvollständiger Verbrennung $2 C + O_2 = 2 CO$	$\dfrac{2 \times 22,4}{2 \times 12} = 1,86$ cbm CO	(Kohlenoxyd)
Schwefel ...	S	32	$S + O_2 = SO_2$	$\dfrac{22,4}{32} = 0,7$ cbm	(Schwefligsäure)

Ein Gewichtsteil Kohlenstoff liefert mit Sauerstoff verbrannt also die gleiche Raummenge Verbrennungsprodukte, einerlei ob er zu Kohlensäure oder zu Kohlenoxyd verbrennt[1]). Im Kohlenoxyd und in der Kohlen-

[1]) Bei Verbrennung in Luft verändert sich infolge Anwesenheit des Stickstoffes das Gesamtvolum der Verbrennungsgase. Siehe darüber S. 34.

säure ist demnach je cbm die gleiche Menge Kohlenstoff enthalten, und zwar:

$$\frac{12}{22,4} = \underline{0,536 \text{ kg C}} \text{ im cbm.}$$

Nachdem wir so die grundlegenden Vorgänge bei der Verbrennung
kennen gelernt haben, wollen wir zur Besprechung der Brennstoffe
selbst übergehen.

Einteilung der Brennstoffe.

Einen Überblick über die praktisch in Frage kommenden Brennstoffe
gewinnen wir am besten an der Hand der beigehefteten Tabelle. Wir sehen
daraus, daß wir nach dem Zustande, in dem die Brennstoffe zur Anwendung
kommen,

> feste Brennstoffe,
> flüssige Brennstoffe und
> gasförmige Brennstoffe

zu unterscheiden haben. Bei jeder dieser Gruppen gibt es Brennstoffe, die
in der Form, wie die Natur sie bietet, zur Verwendung kommen. Aber wir
kennen auch solche, die auf künstlichem Wege aus natürlichen Produkten
hergestellt sind. Meist wird dabei eine Verbesserung in der Verwendungs-
fähigkeit erzielt. Wir nennen deshalb solche künstlichen Brennstoffe im
Gegensatz zu den natürlichen, oft auch »veredelte Brennstoffe«.

I. Feste Brennstoffe.

A. Natürliche.

 1. Holz,
 2. Torf,
 3. Braunkohle,
 4. Steinkohle.

B. Künstliche.

 a) Mechanisch veränderte:
  1 Briketts von Säge- und
   Hobelspänen,
  2. Briketts von Torf,
  3. » » Braunkohle,
  4. » » Steinkohle;
 b) chemisch veränderte:
  1. Holzkohle,
  2. Torfkohle,
  3. Braunkohlengrudekoks,
  4. Koks.

II. Flüssige Brennstoffe.

A. Natürliche.

 1. Pflanzenöle,
 2. Roherdöl.

B. Künstliche.

 a) Durch einfache Destillation
  gewonnene:
   Erdöldestillate (Benzin,
   Heizöl, Masut);
 b) durch Entgasungsvorgänge gewonnene:
   Teer- und Teerdestillate,
   Benzol, Teeröl;
 c) durch Gärung oder synthetisch:
   Alkohol.

III. Gasförmige Brennstoffe.

A. Natürliche.
    1. Erdgas.

B. Künstliche.
  a) Durch Vergasung gewonnene:
    1. Schachtofengas, Hochofengichtgas,
    2. Wassergas,
    3. Mischgas;
  b) durch Entgasung gewonnene:
    1. Leuchtgas, Koksofengas,
    2. Ölgas;
  c) synthetisch:
    1. Azetylen.

Feste Brennstoffe.

Allgemeines. Es ist oben angedeutet, daß die Brennstoffe mit Ausnahme des sich immer neu bildenden Holzes in älteren Zeiten der Erdgeschichte sich abgelagert haben; ihr Alter ist bestimmend für die Art, wie die Brennstofflager in die Erdrinde eingeschlossen sind und außer dem Ursprung verursacht diese Lagerung eine Reihe von Verschiedenheiten, die für die einzelnen Brennstoffe kennzeichnend sind. Am deutlichsten tritt dies in dem Zustand in Erscheinung, in dem wir die Brennstoffe in der Natur antreffen.

Der jüngste der fossilen Brennstoffe ist der Torf. Er liegt an der Erdoberfläche zutage. Die Geländeart, in der wir den Torf finden, nennen wir Moore. Sie verdanken ihre Entstehung großer örtlicher Feuchtigkeit. Der Rohtorf ist, wie er im Moore liegt, sehr verschieden stark zersetzt. Teilweise ist die ursprüngliche Pflanzenform gut erhalten, teilweise ist die Struktur vollkommen verloren und die Pflanzenreste sind in eine gleichmäßige speckige Masse übergegangen. Je weiter die Vertorfung vorwärts geschritten ist, um so besser ist der Torf als Brennstoff. Die Rohtorfmassen sind ganz und gar mit Wasser erfüllt, gewissermaßen mit Wasser aufgequollen und besitzen infolgedessen einen Wassergehalt von 85 bis 95%. Ein Moor ist also von diesem Gesichtspunkt betrachtet viel mehr ein Wasserbehälter, denn eine Brennstoffquelle. Beim Trocknen geben die meisten Torfarten, und gerade die gut zersetzten, infolge ihres leimigen Zustandes einen festen, harten, trockenen Rückstand, der die Verwertung sehr erleichtert.

Der beste Brenntorf ist der durch Knetmaschinen verdichtete Maschinentorf aus gut vertorften Hochmooren, die in Nordwestdeutschland besonders häufig sind.

Die Braunkohlen liegen selten zutage, sondern sind mit einem Deckgebirge, das meist aus Sand und Ton besteht, bedeckt. Die Mächtigkeit dieses Deckgebirges besitzt im allgemeinen nur wenige Meter. In den allermeisten

Fällen kann dieses Deckgebirge leicht durch Baggern entfernt und die Braunkohle im sog. Tagebau gewonnen werden. Während die Mächtigkeit der Moore selten 8 m erreicht und im Mittel nur 2 bis 3 m beträgt, ist die Mächtigkeit der Braunkohlenflöze erheblich größer. 20 bis 30 m ist durchaus normal, ja manchmal, wie z. B. in der Fortunagrube bei Köln a. Rh., werden in den einzelnen Teilen 100 m Mächtigkeit überschritten. Die Braunkohle gehört geologisch dem Tertiär an, jener Periode in der Erdgeschichte, die der Eiszeit, dem Diluvium, vorausgeht. Das größere Alter hat die Braunkohle etwas ausgetrocknet und hat die Stoffe so verändert, daß sie geringere Wasserhaltigkeit besitzen. Die grubenfeuchte Braunkohle besitzt aber immer noch 45 bis 65 % Wasser. Mit dem Altern ist, zum Teil unter dem Druck des Deckgebirges und der eigenen starken Lagerung eine gewisse Verdichtung eingetreten. Diese geht aber nicht so weit, daß eine beachtenswerte Festigung des Gefüges eingetreten wäre. Die Stücke lassen sich meist zwischen der Hand zerdrücken. Auch sind bei den Braunkohlen in dieser Beziehung noch Unterschiede vorhanden. Die lignitische Braunkohle enthält teilweise noch die Struktur der ehemaligen Hölzer, aus denen sie entstanden ist und zeigt in diesen Stellen einen gewissen Zusammenhalt. Daneben kommen Kohlen vor, die sehr wenig inneren Zusammenhalt zeigen, die stark zum Krümeln neigen, die »erdig«, »mehlig«, »mulmig« sind. Diese Neigung, in feine Teilchen zu zerfallen, erschwert die unmittelbare Verwendung um so mehr, als diese Struktur noch mit einem hohen Wassergehalt verbunden ist, und es kommt weiter hinzu, daß beim Versuch, die Braunkohle zu trocknen, gerade durch das Trocknen das Zerkrümeln noch gefördert wird. Ein Stück Braunkohle mit einiger Festigkeit trocknet von außen allmählich in Schichten, und die getrocknete Schale neigt stärker zum Krümeln als die feuchte Kohle.

Die Braunkohlen sind in Deutschland stark verbreitet im Rheinland in der Kölner Gegend, in Mitteldeutschland bei Kassel, Helmstedter Gegend, Sachsen-Thüringen, Lausitz.

Außer diesen jüngeren Braunkohlen kennen wir noch solche, die älter sind und eine größere Festigung des Gefüges erfahren haben. Sie lassen sich zwischen den Fingern nicht zerdrücken und heißen »Knorpelkohle«. Hierher gehören vor allem die bayerischen sog. Molassekohlen und die böhmischen Braunkohlen. Schließlich gibt es Braunkohlen, die durch besondere Einflüsse stark verändert sind, es sind dies die Pechkohlen, die durch vulkanische Einflüsse stark verdichtet und verkohlt sind. Durch sie ist gewissermaßen — um es populär auszudrücken, — ein Lavastrom geflossen. Sie erhielten dadurch ein dem Pech ähnliches Aussehen, woher sie ihren Namen erhalten haben. Aus schönen Stücken wird der Jet-Schmuck hergestellt.

Sehr viel älter als die Braunkohle, vielleicht viele Millionen von Jahren alt, sind die Steinkohlen. Sie treten nur selten zutage, sondern liegen meist viele hundert Meter unter der Erde zwischen anderen Gesteinsarten eingeschlossen in sog. »Flözen«. Die Flöze liegen aber nicht mehr wagrecht, sondern sind infolge der Faltungen, die die Erdrinde seit ihrer Ablagerung erfuhr, mehr oder weniger steil aufgerichtet. Häufig liegen mehrere Flöze übereinander, getrennt durch Gesteinsschichten. Infolgedessen findet der Abbau der Steinkohle immer im Tiefbau statt, Schächte von mehreren hundert bis tausend Meter müssen in die Erdrinde eingeschlagen werden, um die Kohlen aus den Flözen herauszuholen. Während bei den jüngeren Brennstoffen das lockere Gefüge gestattet, die Kohle leicht von dem angrenzenden Gestein zu trennen, ist das bei der Steinkohle wegen des allmählichen Übergangs von der Kohle zum kohlefreien Gestein und infolge zu festen Anhaftens am Gestein erschwert, und um so mehr erschwert, je kleiner die Mächtigkeit des einzelnen Flözes ist. Das gibt Anlaß, der schweren Arbeit zu gedenken, der sich der Bergmann beim Abbau der Kohle unterziehen muß. Manchmal sind die Flöze so niedrig, daß er nur liegend die anstehende Kohle zu verhauen vermag. Aber gerade diese Schwierigkeit der Trennung von dem anstehenden Gebirge, den »Bergen«, ist es, die den hohen Aschegehalt mancher Steinkohlensorten verursacht, ein Übel, das heute, wo es sich darum handelt möglichst große Mengen zu schaffen, besonders schlimm ist.

Unter dem Einfluß des starken, viele tausend Jahre dauernden Gebirgsdruckes, den die Steinkohlenflöze in der Erdrinde erfahren haben, sind sie stark ausgetrocknet und weitgehend verdichtet, so daß sie, wie jedermann bekannt ist, eine steinartige Struktur und Festigkeit angenommen haben. Die ältesten Steinkohlen besitzen im grubenfeuchten Zustand einen Wassergehalt, der selten 2% überschreitet. Jüngere Steinkohlen, wie Saarkohle, schlesische Kohle und sächsische Kohle besitzen etwas größere Grubenfeuchtigkeit, die aber nur in den seltensten Fällen 10% erreicht. Natürlich sind bei allen vorgenannten Brennstoffen mit den physikalischen Veränderungen, die uns die äußere Erscheinung der Brennstoffe anzeigt, auch chemische Vorgänge verbunden gewesen, die den Charakter des Brennstoffes mehr und mehr verändert haben.

Kommt die Kohle so, wie sie aus der Grube verfahren, »gefördert« wird, zur Verwendung, so sprechen wir von Förderkohle. Wird die Kohle in verschiedenen Stückgrößen gesondert — »separiert« —, so unterscheidet man folgende Sorten:

1. Stückkohle über 80 mm groß,
2. Nußkohle verschiedener Größe, I, II, III, 8 bis 80 mm,
3. Feinkohle, kleiner als 8 mm.

Vielfach wird auch eine Trennung der Berge von den Kohlen durchgeführt. Das geschieht durch eine Art von Schlämmprozeß, wobei durch geeignete Wassergeschwindigkeiten die leichtere Kohle weggetragen wird, während die Steine und stark berghaltigen Kohlen zu Boden fallen. Man nennt diesen Prozeß »Wäsche«. Die so erzeugte Kohle heißt »gewaschene Kohle«. Von den Abfällen des Waschprozesses, die früher nie Verwendung fanden, aber in Zeiten der Kohlennot meist zum großen Ärger der Verbraucher in den Handel kamen, nennt man die Rückstände »Waschberge« das feinste Abgeschlämmte, »Schlammkohle«. Die gewaschene Kohle selbst ist sehr viel ascheärmer als die Förderkohle oder die nur durch Separation aufbereiteten Kohlen. Gewaschene Feinkohle ist das Hauptmaterial der Kokerei, infolgedessen ist der Hüttenkoks meist viel ascheärmer als der Koks der Leuchtgasfabriken, die seltener gewaschene Kohle verwenden.

Steinkohle und Braunkohle erfahren auch eine weitergehende mechanische Verarbeitung. Die mageren Feinkohlen wie die erdigen Braunkohlen bringen bei der Verwendung gewisse Schwierigkeiten mit sich. Man war deshalb bestrebt, sie in stückige Form überzuführen und erreicht dies durch die sog. »Brikettierung«.

Steinkohlenbriketts erfordern zu ihrer Herstellung ein Bindemittel. Die pulverförmige Feinkohle wird innig mit wenigen Prozenten heißem Pech gemischt und dann in Pressen bei mäßigem Druck (ca. 250 Atm.) gepreßt. So entstehen auf Walzenpressen die Eierbriketts, in Stempelpressen die großen Steinkohlenbriketts, wie sie vor allem für die Lokomotivbeheizung benutzt werden.

Die Herstellung der Braunkohlenbriketts erfordert eine Trocknung auf rd. 15% Wasser. Die so getrocknete Braunkohle besitzt bei den entsprechenden Drücken, die allerdings sehr viel höher liegen als bei den Steinkohlenbriketts (1200 bis 1500 Atm.) eine gewisse Bindigkeit und gibt ohne Bindemittel die bekannten Braunkohlenbriketts. Bei der Brikettierung der Braunkohle bringt der Bitumengehalt die Wasserbeständigkeit des Briketts hervor. Richtig gepreßte Braunkohlenbriketts zerfallen bei starker Befeuchtung nicht. Auch im Feuer zerfallen gute Braunkohlenbriketts nicht.

Torf kann in ähnlicher Weise wie Braunkohle brikettiert werden, doch ist dies bis jetzt nicht wirtschaftlich.

Auch Holzabfälle, Sägespäne, Hobelspäne können in der gleichen Art wie die Braunkohle brikettiert werden. Diese Holzbriketts sind ein recht angenehmer Brennstoff, sie sind aber nicht wasserfest, starkem Regen ausgesetzt quellen sie auf und zerfallen. Auch im Feuer halten sie nicht besonders gut. Die Brikettierung erleichtert also hier nur den Transport und die Lagerung.

Zusammensetzung der festen Brennstoffe.

Wenn wir nun die Zusammensetzung dieser festen Brennstoffe näher betrachten wollen, so können wir, zunächst mehr oberflächlich, 3 Gruppen von Bestandteilen unterscheiden: Wasser, mineralische Bestandteile und die brennbare Substanz.

Alle natürlichen Brennstoffe enthalten einen größeren oder geringeren Betrag von Wasser. Das Holz enthält im frischen Zustande etwa 50% Wasser, und je besser es getrocknet ist, um so weniger. Gut getrocknetes

Holz enthält immer noch ungefähr 15% Wasser. Auf den Wassergehalt von Torf und Braunkohle im Rohzustand ist schon hingewiesen, aber auch beim ausreichenden Trocknen in der Luft behalten diese Brennstoffe noch einen erheblichen Gehalt an Wasser zurück. Man kann ihn für Torf auf 20 bis 30% veranschlagen, bei Braunkohle auf 10 bis 15%. Auch die noch älteren Brennstoffe besitzen eine gewisse, aber sehr geringe Wasseranziehung, so daß in ihnen nur noch einige Prozent Wasser, die auch nach langem Liegen an der Luft zurückbleiben, enthalten sind. Dieser Wassergehalt ist eines der besten Kennzeichen für das Alter der Kohle. Je älter die Kohle ist, um so weniger Wasser hält sie zurück. Infolge ihrer Form bleibt unabhängig vom Alter gewaschene Feinkohle längere Zeit recht feucht.

Der Wassergehalt eines Brennstoffs ist in zweifacher Hinsicht schädlich. Es setzt den Gehalt an Brennbarem herab und verbraucht außerdem Wärme für seine Verdampfung (darüber ausführlich S. 43).

Eine weitere Gruppe wichtiger Bestandteile sind die mineralischen Bestandteile, die beim Verbrennen des Brennstoffs unverflüchtigt zurückbleiben und so die Asche und Schlacke bilden. Holz ist aschearm (1,0 bis 2,0%). Gute Torfsorten haben ebenfalls sehr wenig Asche, Hochmoortorf selten über 3%, jedoch andere, insbesondere viele Niedermoortorfe viel mehr. Der Aschegehalt der Braunkohle ist im allgemeinen recht hoch, meist 10 bis 20% auf die trockene Kohle bezogen. Auch der Gehalt der Steinkohle ist selten unter 6%, im allgemeinen 10 bis 12%, und heute, wie schon angedeutet, meist noch viel höher. Die mineralischen Bestandteile sind zum mindesten unnütze Bestandteile, aber auch bei der Verbrennung störend, namentlich dann, wenn sie in sehr starkem Maße in einem Brennstoff vertreten sind.

Durch die Aschen und Schlacken, die die Brennstoffe zurücklassen, werden die Feuerstellen verschmutzt, die Luftzufuhr verstopft, Unverbranntes eingehüllt usw. Diese Störungen werden nicht nur durch die Menge der Asche, sondern auch durch ihr Verhalten im Feuer, ihre Neigung zum Schmelzen verschärft. Das Zusammenfließen zu großen zähen Klumpen erschwert die Reinigung ungemein und erfordert große Arbeit, die nicht ohne Einfluß auf die Kosten der erzeugten Wärme ist. Brennstoffe, die einen geringen Aschegehalt besitzen (Holz, Hochmoortorf) liefern auch gutartige Asche, weil bei solchen Brennstoffen in den Schichten der Feuerung, in denen sich die Asche anreichert, das Brennbare beinahe vollständig ausgebrannt ist und infolgedessen zu geringe Temperatur herrscht, als daß die Asche schmelzen könnte. Bei aschereichen Brennstoffen treten schon in den eigentlichen Brennzonen Anreicherungen mineralischer Bestandteile auf, und es hängt vom Erweichungspunkte ab, wie sich die Asche verhält. Vielfach, namentlich bei kieselsäurereichen Aschen, erhält man ungemein zähflüssige Schmelzen, die wir »Schlacken« nennen. Aschen, in denen reiner Ton vorherrscht, schmelzen so gut wie nicht, sind sehr gutartig. Ebenso sind dünnflüssige Schlacken leicht zu beseitigen. Zähflüssige Schlacke kann oft durch Kalkzusatz leichtflüssiger gemacht werden. Diese Regeln gelten aber nicht ausnahmslos. Ein Urteil über den Charakter gibt der Schmelzpunkt. Schlacken unter 1200⁰ sind leichtflüssig, über 1500⁰ im normalen Feuer kaum schmelzend. Schlacken, deren Schmelzpunkt zwischen 1200⁰ und 1500⁰ liegt, erschweren den Betrieb durch ihre Zähflüssigkeit. Leider sind diese Art Schlacken die häufigeren. Man bekämpft die durch sie hervorgerufenen Schädigungen durch Wasserdampfzufuhr zum Feuer (darüber S. 35).

Das, was uns den Brennstoff wertvoll macht, und was auch am meisten die Unterschiede im Verhalten der Brennstoffe bedingt, sind die organischen Bestandteile, ist die brennbare Substanz. Sie wird auch häufig als »wasser- und aschefreie Substanz« oder als »Reinkohle« bezeichnet. Diese entstammt im wesentlichen dem Pflanzenleben, und die Stoffe, aus denen die Pflanze aufgebaut ist, sind Verbindungen aus den Elementen, die wir bereits kennen gelernt haben, aus Kohlenstoff, Wasserstoff und Sauerstoff. Außer diesen Hauptbestandteilen treten auch immer noch geringe Mengen von Stickstoff und Schwefel hinzu.

Der Stickstoff ist, so gering er prozentual (0,5 bis 3,5%) in den Brennstoffen enthalten ist, deshalb wichtig, weil aus ihm bei der Vergasung und Entgasung das Ammoniak, ein wertvoller künstlicher Dünger, gewonnen wird. Der Schwefel, dessen Gehalt zwischen 0,5 und 3% schwankt, verhält sich verschieden. Ein Teil ist flüchtig, ein Teil geht in die Asche. Der flüchtige Schwefel ist unter Umständen von Einfluß auf das Brenngut und greift dort, wo die Rauchgase zu stark unter ihren Taupunkt abgekühlt werden und Wasser ausscheiden, Metalle, insbesondere Eisen, stark an.

Die Verbindungen, die das Pflanzenleben aufbaut, sind ungemein kompliziert. Viele C-, H-, O-Atome, manchmal vielleicht hunderte und aberhunderte, treten zu einem Molekül in den verschiedensten Bindungsarten zusammen: Zellulose, Lignin, Pflanzengummi, Zucker, Stärke, Harze, Wachsarten, das alles und viele andere verwickelte Verbindungen finden sich in den Pflanzen. Ein Teil dieser Verbindungen verging im Wandel der Zeiten vollkommen. Andere wurden verändert und in neue Formen übergeführt. Wenn also schon die Pflanze ein verwickeltes Gemisch der verschiedenartigsten Verbindungen ist, so sind es auch die Brennstoffe, die in den unendlich langen Zeiten des Weltgeschehens aus ehemaligen Pflanzenresten geworden sind. Infolgedessen gibt die Angabe, wieviel Prozent Kohlenstoff, wieviel Prozent Wasserstoff und wieviel Prozent Sauerstoff ein Brennstoff enthält, nur ein sehr rohes Bild von dem eigentlichen Wesen dieses Brennstoffs. Nur wo grobe Unterschiede im Gehalt an Kohlenstoff, Wasserstoff und Sauerstoff gefunden werden, ist dieses gleichzeitig ein Kennzeichen für die großen Unterschiede in der Art der Brennstoffe. Man darf deshalb den praktischen Wert der Elementaranalyse, die uns jene Angaben liefert, nicht überschätzen. So wenig wie die Feststellung, daß in einem Haus eine bestimmte Anzahl Ziegelsteine, soundsoviel Raummeter Holz und ein gewisses Gewicht Eisen verbaut sind, uns ein Bild von der Bauart des Hauses vermittelt, ebensowenig kann die Elementaranalyse über den Aufbau der Verbindungen bei einem verwickelten Gemisch hochmolekularer Verbindungen aussagen. Bei ähnlichen, ja gleichen Kohlenstoff- und Wasserstoffgehalten kann in zwei verschiedenen Kohlen die Gruppierung aus den sich zusammenfindenden Verbindungen eine sehr verschiedene sein, und das erklärt, daß in solchen Fällen tatsächlich das Verhalten der zu vergleichenden Brennstoffe trotz gleicher Elementaranalyse unterschiedlich ist. Immerhin sind gewisse allgemeine Regeln vorhanden. Wir sehen, daß die großen Gruppen von Brennstoffen mit dem geologischen Alter mehr und mehr Sauerstoff verlieren und dafür reicher werden im Gehalt an Kohlenstoff, während der Wasserstoff eine nur ganz allmähliche Abnahme zeigt. Einen Überblick über diese Verhältnisse gibt folgende Tabelle:

Brennstoff	Zeit der Bildung	Wasser %	Asche %	Zusammensetzung der brennbaren Substanz			Disponibler[1]) Wasserstoff %
				% C	% H	% O	
Holz	jetzt	frisch: 50 lufttrocken: 15—25	1—2	50	6	44	1
Torf	nach Eiszeit	roh: 85—95 lufttrocken: 20—30	1—10	60	6	34	2
Braunkohle .	Tertiär .	roh: 50—65 lufttrocken: 15	6—15	65	6	29	3
Wälderkohle	Kreide	5 —10	10—20	70	6	24	3,2
Flammkohle		2 — 4	6—15	75	6	19	3,5
Gaskohle . .	Karbon	2 — 4	6—15	80	6	14	4
Kokskohle .		1,5— 3	6—15	85	5	10	4,5
Magerkohle .		1 — 2	6—15	90	4	6	3,3
Anthrazit . .		0,5— 1		95	2	3	1,7

Verbrennung der festen Brennstoffe.

Wesen der Flamme.

Die uns besonders interessierende Frage ist nun, wie verhält sich der feste Brennstoff, dieses verwickelte Gemisch aus massig aufgebauten Molekülen, bei der Verbrennung. Die Beantwortung dieser Frage wollen wir wieder durch das Experiment vornehmen. Wir wollen zu diesem Zweck ein Stück Holz in der Flamme eines Bunsenbrenners zur Entzündung bringen. Es ist ein gut getrocknetes, sehr harzreiches Kienholz. Wir sehen sofort eine starke Flammenentwicklung. Und nun wollen wir prüfen, woraus diese Flamme besteht. Wir führen ein knieförmig gebogenes Glasrohr in die

[1]) Über die Bedeutung des Begriffs »Disponibler Wasserstoff« siehe S. 48.

Flamme hinein, wie es Abb. 4 zeigt. Man sieht dann durch das Rohr Dämpfe entweichen, die wir am anderen Ende des Rohres entzünden können. Ein Teil der Flamme ist auf diese Weise, entfernt vom Holz selbst, zur Verbrennung gebracht. Wir erkennen daraus, daß die Flamme ihren Ursprung gasigen Bestandteilen verdankt. Mit der Entzündung findet also eine Abspaltung von gasförmigen Stoffen aus dem festen Brennstoff statt. Wir können zur weiteren Veranschaulichung dieser Vorgänge die Hitzequelle durch eine Zwischenwand vom Brennstoff trennen. Wir bringen in eine Glasretorte Kohlenpulver und erhitzen diese Retorte von außen. (Abb. 5.) Nachdem ein gewisser Hitzegrad erreicht ist, findet eine Gasentwicklung statt. Man sieht aus der Retorte Gase und Dämpfe in die Vorlage ziehen und durch das auf diese gesetzte Glasrohr entweichen. Die Entzündung zeigt uns, daß es sich auch hier um ein brennbares Gas handelt. Die festen Brennstoffe zersetzen sich also in der Hitze der Verbrennung und die gasförmigen Zersetzungsprodukte liefern uns die Flamme. Flammenentwicklung entstammt immer der Verbrennung von Gasen.

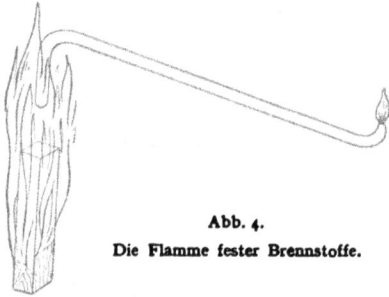

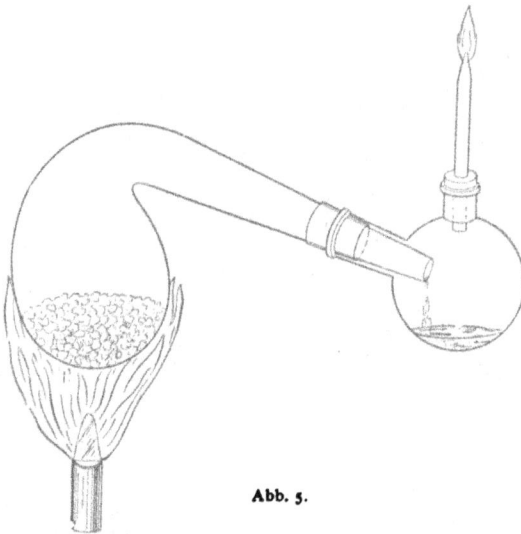

Abb. 4. Die Flamme fester Brennstoffe.

Abb. 5.

Wenn wir uns nun diese Flamme noch näher ansehen, so erkennen wir, daß im Gegensatz zu dem mit kaum sichtbarer, ganz schwachstrahlender Flamme brennenden Wasserstoff bei den aus festem Brennstoff entwickelten Gasen ein Leuchten der Flamme auftrat. Wie ist dieses zu erklären? Wir können auch mit der Wasserstoffflamme ein Leuchten hervorbringen, wenn wir einen festen Körper in ihr erhitzen. Ein Platindraht, ein Stückchen Kalk, oder noch besser ein Stück Glühstrumpf leuchtet hell auf. Also dürfen wir schließen, daß es feste Bestandteile sind, die in den leuchtenden Flammen der Gase, die von den festen Brennstoffen entwickelt sind, glühen. In der Tat ist dies der Fall. Es ist glühender Kohlenstoff, verbrennender Ruß. Wenn wir die Flamme gegen eine kalte Schamotteplatte schlagen lassen und dadurch abkühlen, so beschlägt die Platte sich mit Ruß. Es handelt sich also hier um Kohlenstoff, der in der Flamme glühend verbrennt. Wird er abgekühlt, und so an der Verbrennung verhindert, so scheidet er sich aus. Das erklärt sich so: Die Hitze ist der Feind großer, aus vielen Atomen aufgebauter Moleküle. Schon die einfache Entzündung des Holzes oder der Kohle entwickelt uns gas- und dampfförmige Zersetzungsprodukte. Aber selbst unter diesen Gasen und Dämpfen sind solche, die noch zu große Moleküle besitzen, sie enthalten noch zu viele Atome und werden in der Flamme noch weiter aufgespalten in die einfachen Bestandteile: Wasserstoff, Kohlenstoff.

Machen wir die Leuchtgasflamme, aus der wir durch die Abkühlung an der kalten Platte den Ruß ausscheiden konnten, durch reichliche Zugabe von Benzoldämpfen noch kohlenstoffreicher, so sehen wir, daß dieser Kohlenstoff in der Oberfläche, die die Flamme bildet, nicht mehr ausreichend Luft findet, um zu verbrennen, die Flamme beginnt zu rußen. Es ist also notwendig, in die Flamme genügende Mengen von Luft einzuführen, um das Rußen zu verhindern. Man könnte annehmen, der große weite Vortragssaal, der hier mit Luft erfüllt ist, würde genügen, der Flamme genügend Luft zuzuführen. Das ist nicht richtig. Das Vorhandensein der Luft genügt nicht, die Luft muß in der richtigen Weise mit der Flamme in Berührung gebracht, am besten in

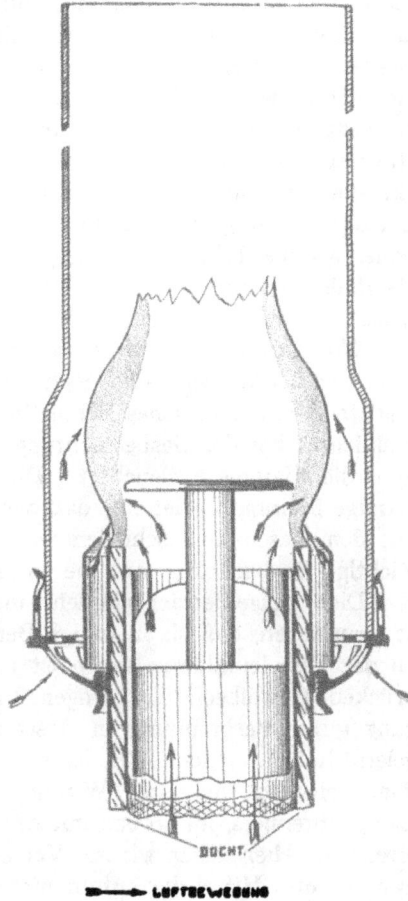

DOCHT.

LUFTBEWEGUNG

Abb. 6.

die Flamme hineingeführt werden. Ein lehrreiches Beispiel hierfür bietet die Petroleumlampe. Zündet man eine solche bei normaler Dochtstellung an, so brennt sie, ehe der Zylinder aufgesetzt ist, mit trüber, qualmender, Ruß abscheidender Flamme. Diese findet nicht die notwendige Luft zur Verbrennung. Nun setzen wir den Zylinder auf und mit einem Schlage wendet sich das Bild. Die Flamme gibt ein schönes helles Licht, kein Rußen ist zu bemerken, auch kein häßlicher Geruch belästigt uns mehr, alles Zeichen, daß die Verbrennung vollkommen ist. Wie bringt der Zylinder diese Veränderung zustande? Er wirkt wie ein Schornstein und zieht mit größerer Geschwindigkeit größere Mengen Luft an der Flamme vorbei. Das ist aber nicht alles. Die Führung der Luft ist bei diesem Brenner eine besondere. Betrachten wir einen Schnitt durch den Brenner (Abb. 6), so sehen wir den Docht ringförmig wie ein Rohr ausgebildet und finden, daß im Innern dieses Rohres wie am Äußern Luft zuströmen kann. Die Flamme erhält von zwei Seiten Luft. Weiter: In die Mitte der Flamme ist ein verhältnismäßig breiter Metallteller eingesetzt, der die Flamme nach auswärts drückt. Die Luft wird dadurch gezwungen, sich zwischen Flamme und Tellerscheibe hindurchzuzwängen, stößt steil auf die Flammenoberfläche auf und dringt in die Flamme selbst ein, die Verbrennung energisch fördernd. Genau in gleicher Weise sorgt ein um den Docht gelegter Metallring und die Einschnürung des Zylinders, die höher als die Tellerscheibe liegt, dafür, daß die von außen zutretende Luft ebenfalls im steilen Winkel auf die Außenseite der Flamme stößt, in sie eindringt und die vollkommene Verbrennung sichert.

Wie stark ein Luftstrom, den wir auf eine Flamme richten, auf die Verbrennung wirkt, zeigt uns noch ein kleiner Versuch. Blasen wir gegen die leuchtende Flamme eines Schnittbrenners, wie er vor Einführung des Gasglühlichtes bei der Gasbeleuchtung diente, mit dem Munde scharf Luft, so wird die Flamme entleuchtet. Die Luft dringt in diese dünne, scheibenförmige Flamme so tief ein, daß der Kohlenstoff verbrennt, so rasch, wie er aus den Gasen ausgeschieden wird. Dabei wird die Flamme kleiner, eine wichtige Beobachtung, auf die wir später (s. S. 38 u. 39) zurückkommen.

Diese ganze Betrachtung lehrt uns, wie wichtig es ist, die Luft der Flamme so zuzuführen, daß sie in innige Berührung miteinander kommen. Was wir an der Petroleumlampe sehen ist nichts anderes als ein Modell der Feuerbrücken, Gewölbeeinschnürungen, Flammenstaue usf., die wir zur Begünstigung guter Verbrennung in unseren industriellen Feuerungen anzuordnen gelernt haben. Jedoch läßt sich eine so sichere genaue Führung der Luft und damit eine so energische Wirkung, wie in den kleinen Verhältnissen des Lampenbrenners, im großen mit der Flammen- und Luftführung allein nicht erreichen. Hier ziehen wir mit Vorteil noch ein anderes Mittel zu Hilfe. Und zwar ist dies Mittel die Zufuhr nicht von kalter, sondern von erhitzter Luft zur Flamme. So verhindern wir, daß der träge verbrennende Ruß der Flamme bei örtlichem Luftmangel unter seine Entzündungstemperatur abgekühlt wird und sich unverbrannt abscheidet. Auch die Wirkung dieses technischen Hilfsmittels kann uns ein kleiner Versuch zeigen.

Wir benutzen eine gut leuchtende Leuchtgasflamme, die wir wieder durch reichliche Zugabe von Benzoldämpfen besonders reich an Kohlenwasserstoffen gemacht haben. Sie rußt, und die hineingebrachte kühle Schamotteplatte beschlägt sich sogleich mit einer dicken Lage von Ruß. Schaffen wir die

Gelegenheit, daß diese Flamme mit heißer Luft an hitzestrahlenden Flächen zusammentritt, so findet eine Verbrennung des in der Flamme ausgeschiedenen Kohlenstoffes statt. Führen wir nämlich eine gleiche Schamotteplatte wie vorher, die aber im Ofen auf helle Rotglut erhitzt ist, in die Flamme ein, so ist keine Spur von Rußabscheidung zu sehen.

Welche praktischen Folgerungen ziehen wir aus den soeben gewonnenen Eindrücken? Bei jeder Feuerung wird der Brennstoff, der frisch aufgegeben wird, in der Hitze der bereits brennenden Teile Feuergase abspalten, die reich an Kohlenstoff sind und zum Rußen neigen. Diese rasch auftretenden Gase haben einen entsprechenden Luftbedarf. Tritt plötzlich sehr viel Gas auf, so kommt es zu Luftmangel und Rußen. Bei einer Feuerung kann man aber nicht dauernd die Luftzufuhr in kurzen Abständen ändern und regeln. Schon aus diesem Grunde muß man auf die Feuerung häufig kleine Brennstoffmengen geben, dann wird die augenblickliche Gasentwicklung nicht so groß und ein zum Rußen führender Luftmangel verhindert. Diese Regel trifft gleicherweise auf Dampfkesselfeuerungen, wie auch für solche Glasöfen, die noch direkte Feuerung (z. B. Boëtiusöfen) besitzen, zu.

Wir sehen aus dem Versuch mit der glühenden Platte, daß die aus erhitzten Brennstoffen abgespaltenen Gase mit heißer Luft und an glühenden Flächen leichter ohne Ruß- und Rauchbildung verbrannt werden können. Bei jeder Rostfeuerung läßt sich zur Erfüllung dieser Bedingungen schon vieles erreichen, wenn man die neu aufgegebenen Brennstoffe nicht über die ganze Rostfläche verteilt, sondern gleich hinter der Feuertüre in kleinen Posten niederlegt. Die vom Brennstoff entwickelten Gase müssen dann mit der »Oberluft« zusammen bei ihrem Weg durch die Feuerung über die bereits glühenden Brennstoffteile strömen, erhitzen sich dabei, treten mit der überhitzten, durch die Roststäbe und Feuerschicht überschüssig durchstreichenden Luft (»Unterluft«) zusammen und verbrennen so rußlos[1]).

Es ist nicht Aufgabe dieses Vortrags, im einzelnen die technischen Mittel zu besprechen, die die aus den Versuchen abgeleiteten Bedingungen erfüllen lassen. Es genügt hier zu sagen, daß hitzestrahlende Gewölbe und Feuerbrücken, besondere vom Feuer erhitzte Luftleitungen für die »Oberluft« usf. den geschilderten Zwecken dienen. Um aber eine straffe Führung der Luft über diese Einbauten und Hindernisse in die Flamme hinein sicherzustellen, ist ein guter Schornsteinzug notwendig.

Bei unseren modernen Gasöfen läßt die Gefahr des Rußens sich leichter bekämpfen, weil die von uns verwandten Brenngase meist arm an rußenden Bestandteilen sind und außerdem das glühende Gewölbe und überhaupt die angestrebte Temperatur für die vollständige Verbrennung sorgt, sofern genügend Luft vorhanden ist. Es genügt, für möglichst gleichmäßige Arbeit der Generatoren zu sorgen, also, wenn mehrere Gaserzeuger zusammenarbeiten, sie nicht alle gleichzeitig abzuschlacken und zu beschicken, sondern

---

[1]) Siehe auch Seite 28.

beide Arbeiten immer nur bei einem Gaserzeuger vorzunehmen und dann einen nach dem andern in größeren Abständen folgen zu lassen.

Trotzdem schützen wir auf alle Fälle Gläser, die gegen Rußentwicklung empfindlich sind und leicht »anlaufen« wie die Bleigläser dadurch, daß wir sie in gedeckten Häfen, die die unmittelbare Berührung zwischen Flamme und Glas verhindern, schmelzen. Bei Boëtiusöfen, die nicht so leicht wie die Gasöfen rußfrei zu betreiben sind, können wir durch gleichmäßige Beschickung in kleinen häufig einander folgenden Brennstoffgaben schon in der Feuerung die Rußbildung einschränken. Hat der Ofen die richtige Temperatur, so bietet das Gewölbemauerwerk und Häfen genügend glühende Flächen, um bei richtiger Luftzufuhr die Verbrennung rußfrei zu gestalten.

Entgasung.

Den Vorgang, dem wir die Entwicklung brennender Gase aus den festen Brennstoffen verdanken, nennen wir Entgasung, weil durch ihn gewissermaßen eine Spaltung des festen Brennstoffes in einen gasförmigen Bestandteil und in einen festen gasfreien Rückstand geschieht. Dieser Vorgang der Entgasung ist in mehrfacher Hinsicht von großer praktischer Bedeutung. Er vollzieht sich, wie wir hier sehen, als Zwischenstadium bei jeder Verbrennung fester Brennstoffe, ebenso bei der Vergasung solcher Brennstoffe in Schachtöfen. Er wird aber auch für sich technisch durchgeführt, um eben die Zerlegung der festen Brennstoffe in verwertbares Gas und einen gasfreien festen Rückstand (Holzkohle, Koks) zu erzielen. Die Art beider Teile ist natürlich abhängig von der Art des Brennstoffes, der entgast wird. Wenn unter der Hitze, der der Brennstoff ausgesetzt ist, die Moleküle zerfallen, werden diese in kleine Teile zerschlagen, wie ein heftiger Stoß ein Glasgebilde in Scherben zerschlägt. Dabei gibt es viele kleine Bruchstücke. So bilden sich auch beim Zusammenbruch des Moleküls neben anderen einfache gasförmige Verbindungen, die wir meist schon kennen gelernt haben. Der Wasserstoff sucht im Molekül selbst sich den Sauerstoff zur Wasserbildung und die Kohle reißt ebenfalls den Sauerstoff an sich, der im Brennstoff selbst zur Hand ist, um Kohlensäure und Kohlenoxyd zu bilden. Daneben entsteht elementarer Wasserstoff und einfache Kohlenwasserstoffe, wie Sumpfgas, Äthan, Äthylen usw. Je jünger ein Brennstoff ist, um so mehr Gas gibt er im allgemeinen, also um so länger ist die Flamme, die er entwickelt.

Diese zeigen die Zahlen der folgenden Tabelle.

Gasmengen verschiedener Brennstoffe bei der Erhitzung auf 1000°.

100 Teile asche- und wasserfreie Substanz geben:

	Holz	Torf	Braunkohle	Jüngere Steinkohle	Ältere Steinkohle
Entgasungsrückstand . .	26,5	37,—	50,—	60,—	80,—
Flüchtige Bestandteile .	73,5	63,—	50,—	40,—	20,—

Da aber dieser jüngere Brennstoff viel Sauerstoff enthält, sind die sauer-
stoffreichen Verbindungen, der Wasserdampf und die Kohlensäure im Gas
stärker vertreten, und demgemäß sind die Gase, die wir durch Entgasung
aus jüngeren Brennstoffen, Holz, Torf, erhalten, nicht von gleichem Brenn-
wert wie die aus älteren Kohlen, während auch in dieser Beziehung die
Braunkohle die Mitte hält (s. S. 32). Wie aber ein Krug, wenn er zerbricht,
neben kleinen auch große Scherben liefert, so finden wir bei der Zersetzung
durch Hitze auch Bruchstücke von mittlerer Molekülgröße, die bei gewöhnlicher
Temperatur flüssig sind. Diese setzen die verschiedenen Arten von Teer zusammen, der neben den Gasen bei der Zersetzung durch Hitze entsteht. In den
heißen Flammengasen wird er als feiner Nebel oder Dampf mitgetragen und bei
Luftzutritt verbrannt. Kühlen wir die Gase vor der Verbrennung ab, so scheidet
Teer sich ab (z. B. in den Gasleitungen zwischen Gaserzeuger und Öfen).

Genau so, wie wir Unterschiede in der Menge und Art der Gasentwicklung
finden, genau so sind die Unterschiede im Verhalten des Rückstandes,
schon allein aus folgenden Gründen. Die Temperatur, bei der sich die Entgasung vollzieht, bei der die Gase ausgetrieben werden, liegt bei den jüngeren
Brennstoffen wesentlich niedriger als bei den Steinkohlen. Wir erzielen
bei Holz mit 400⁰ schon eine nahezu vollkommene Entgasung, bei Torf mit
500⁰, bei Braunkohle mit 600⁰. Um aber einen guten Koks, wie wir den Entgasungsrückstand der Steinkohle nennen, zu erhalten, müssen wir 1000,
ja noch besser 1200⁰ anwenden. Diese Entgasungstemperatur wirkt in hohem
Maße auf die Eigenschaften des Rückstandes ein in einer Weise, die in feuerungstechnischer Beziehung von der größten Bedeutung ist. Es kommen
hier zwei ganz wesentliche Gesichtspunkte in Frage. Schon bei der Verbrennung des Phosphors im ersten Versuch wurde angedeutet, daß die Entzündungstemperatur sehr niedrig läge. Die Verbrennung, wie wir sie wünschen,
bedarf der Einleitung, der »Entzündung«. Ein Brennstoff kommt ja nie
in seiner ganzen Masse auf einmal zur Verbrennung. Wenn wir ihn entzünden,
werden nur einzelne Teile zu verbrennen beginnen. Diese Teile müssen
aber so hoch erhitzt werden, daß die Geschwindigkeit des Verbrennungsvorgangs an diesem Punkt so groß ist, daß eine ausreichende Wärmeentwicklung eintritt, um das Weiterbrennen im Gang halten zu können. Diese Entzündungstemperatur weicht nun gerade bei den Rückständen der Entgasung
besonders stark voneinander ab. Je niedriger die Entgasungstemperatur
lag, um so niedriger ist die Entzündungstemperatur. Nun geht parallel
mit dieser Erscheinung eine weitere, von deren feuerungstechnischer Bedeutung
man sich wohl meist kein richtiges Bild macht, das ist die Leitfähigkeit
für Wärme. Es ist bekannt, daß der Schürhaken, den der Heizer in glühendes
Feuer führt, nicht nur an der Stelle, die mit der Glut des Ofens in Berührung
kommt, sich erhitzt, sondern daß im Eisen eine Weiterleitung, ein Fließen der
Wärme stattfindet und daß infolgedessen der Schürhaken auch am äußersten
Griffende allmählich heiß wird. Diese Eigenschaft nennen wir Wärme-

leitungsfähigkeit. Die Brennstoffe haben im allgemeinen eine sehr geringe Leitfähigkeit für Wärme. Beachtenswert ist sie beim Koks, beim Graphit, der Retortenkohle und den daraus hergestellten Elektrodenkohlen, die alle auf hohe Temperatur erhitzt waren. Ein kleiner Versuch soll uns die auftretenden Unterschiede erläutern (Abb. 7). Wir haben zwei vierkantige Stäbe, der eine ist aus Steinkohle, der andere aus Koks von gleichem Querschnitt geschnitten und in eine Asbesttafel gesteckt. Das eine Ende der beiden Stäbe wird von einer Flamme gleichmäßig erhitzt. Die Asbestplatte hält uns die Wärmestrahlung nach der anderen Seite ab, so daß die Wärme nur durch den Brennstoff selbst fließen kann. An die nicht erhitzte Seite der Stäbe sind mit etwas Wachs kleine Fähnchen angeheftet. Die schwarze Fahne sitzt auf dem Koks, die weiße Fahne auf der Kohle. Nach kurzer Zeit sehen wir, daß die stärkere Leitfähigkeit beim Koks in Erscheinung tritt. Die Hitze aus der Flamme wird durch den Koksstab in viel stärkerem Maße weitergeleitet, schmilzt das Wachs, und das schwarze Fähnchen fällt zu Boden. Auf der schlecht leitenden Kohle bleibt das Fähnchen hängen, sie bleibt kalt.

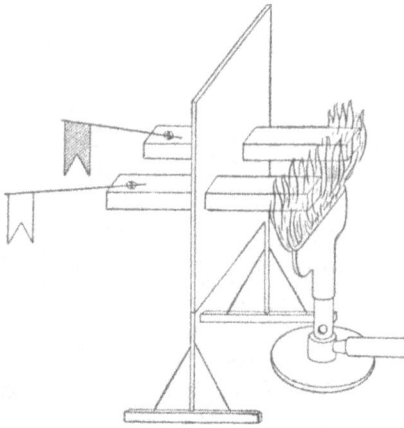

Abb. 7.

Wärmeleitfähigkeit von Koks und Kohle.

Im Gegensatz zum Koks haben die natürlichen festen Brennstoffe eine sehr geringe Leitfähigkeit und mit ihnen gemeinsam alle künstlichen Brennstoffe, die bei niedriger Temperatur entgast wurden.

Diese Vereinigung von geringer Leitfähigkeit und niedriger Entzündungstemperatur bzw. großer Leitfähigkeit und hoher Entzündungstemperatur ist von großer feuerungstechnischer Bedeutung. Ein Extrem niedriger Entzündungstemperatur und niedriger Leitfähigkeit findet man ausgeprägt beim Braunkohlengrudekoks. In dem Schubfach des Grudeherdes glüht die Grude stark bedeckt mit der eigenen Asche ununterbrochen weiter. Die von den in der Zeiteinheit verbrennenden minimalen Mengen erzeugte Wärme wird durch die schlechte Leitung zusammengehalten und reicht so aus, um dauernd die Grude auf ihrer Entzündungstemperatur zu halten. Ähnlich verhält sich Holzkohle und Torfkoks.

Braunkohlenbriketts und Torf lassen wir im Zimmerofen »durchbrennen«, d. h. entgasen, und schließen dann den Ofen so fest wie möglich. Die kleinen Undichtigkeiten, die auch beim dichtesten Verschluß bleiben, genügen, um die Verbrennung im Gang zu halten, weil diese glühenden Rückstände in sich selbst die Fähigkeit haben, die Wärme zusammenzuhalten.

Der Gegenpol dieses Verhaltens ist, wie gesagt, der Koks, wovon uns folgender Versuch überzeugen wird. Wenn man ein glühendes Stück Koks auf eine Holzkohle, die nicht brennt, bringt und mit dem Blasbalg darauf bläst, so verliert der Koks durch Leitung und Strahlung rasch soviel Wärme, daß er sich unter seinen hohen Entzündungspunkt abkühlt, er erlischt, während umgekehrt die Holzkohle, die vom Koks übertragene Hitze infolge der geringen Leitfähigkeit zusammenhält und rasch über die niedrig liegenden Entzündungs-temperaturen kommt, zu brennen anfängt und dauernd in Glut bleibt.

Infolge dieses Verhaltens ist es schwer möglich, ein kleines Koksfeuer unter geringem Zug zu unterhalten, weil durch die starke Leitfähigkeit aus dem kleinen Koksfeuer mehr Wärme abgeleitet wird, als in der Zeiteinheit durch die Verbrennung entsteht. Deshalb bedarf es beim Koks immer scharfen Zuges und größerer zusammenliegender Massen, um den Koks dauernd auf seiner Entzündungstemperatur zu halten. Rückwärts entsteht daraus die Schwierigkeit, daß die hohe Verbrennungstemperatur unter diesen Bedingungen uns einen großen Verschleiß der Roste bringt. Aber ein Gutes hat die hohe Leitfähigkeit des Kokses in einem speziellen praktischen Fall. Unsere Kessel für Zentralfeuerungen haben vorwiegend einen Hohlraum, der voll erfüllt ist mit glühendem Koks. Im Gegensatz zu jeder anderen Feuerung, wo die Flammen die Wärmeübertragung besorgen, ist es hauptsächlich der glühende feste Brennstoff, der die Hitze auf die Kesselwandung überträgt. Die heißen Abgase werden nur in geringem Maße ausgenutzt. Eine solche Feuerung wäre nicht möglich, oder doch unwirtschaftlich, wenn nicht die hohe Leitfähigkeit für Wärme beim Koks aus dem Innern der Feuerschicht die Verbrennungs-hitze nach außen an die Kesselwandung tragen würde. Aber gerade deshalb ist es auch schwer, in Zeiten von Koksmangel für solche Zentralheizungen einen Ersatzbrennstoff zu finden.

Wir haben mit diesen Betrachtungen einen Einblick in das verschiedene Verhalten der künstlich durch Entgasung hergestellten Brennstoffe (Holz-kohle, Torfkohle, Brunkohlengrude, Koks) gewonnen. Es ist klar, daß diese Verhältnisse auch dort auftreten, wo diese Entgasungsrückstände sich als Zwischenstadium der Verbrennung in einer Feuerung oder der Vergasung in einem Schachtofen bilden. Da im allgemeinen die Rosttemperaturen bei Feuerungen mäßig sind, die Rückstände also nicht so stark erhitzt sind, treten die Schwierigkeiten der Zündung nicht so stark in Erscheinung wie bei fertigem Gas- oder Hüttenkoks.

Auch beim Betrieb der Gaserzeuger haben die geschilderten Erscheinungen ihre Bedeutung. Wir werden später sehen, daß gerade die Umsetzungen, die die Entgasungsrückstände mit Kohlensäure und Wasser-dampf erfahren, der Bildung des Generatorgases zugrunde liegen. Diese Um-setzungen sind, genau wie die Verbrennung in Luft, abhängig von der Dichte des Entgasungsrückstandes. Die bei niedriger Temperatur entgasten Brenn-stoffe setzen sich ohne Schwierigkeiten um. Holz, Torf und Braunkohle bieten also in dieser Beziehung keinerlei Schwierigkeiten. Dagegen läßt sich dichter Koks nur in sehr heiß gehenden Generatoren glatt vergasen.

Schließlich ist noch darauf hinzuweisen, daß das Verhalten des Entgasungsrückstandes auch bei der Staub- und Pulverfeuerung in mehrfacher Hinsicht eine Rolle spielt. Z. B. vollzieht das feine Brennstoffteilchen auch hier seine Entgasung vor der vollständigen Verbrennung. Je mehr Entgasungsrückstand ein Brennstoff gibt, umso feiner muß er gemahlen sein. Gibt er kleinen Kocksrückstand und besitzt der Rückstand wie bei Torf und Braunkohle große Brenngeschwindigkeit, so braucht der Brennstoff nicht so fein gemahlen zu sein, wie bei der bei hoher Temperatur entgasenden und träge brennenden Koks liefernden Steinkohle.

Aber noch ein anderer Punkt, der bei der Entgasung der festen Brennstoffe auftritt, bedarf der Besprechung. Die Form, in der der feste Rückstand, der bei der Entgasung entsteht, ist bei den verschiedenen Brennstoffen verschieden. Die jüngeren Brennstoffe, Holz, Torf, Braunkohle,

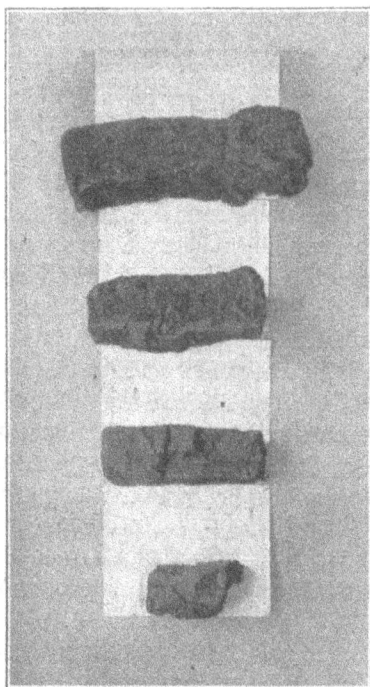

Ursprüngliche Gestalt der Torfsode.

1,50 m über dem Rost.

90 cm über dem Rost.

60 cm über dem Rost.

Abb. 8.
Ein Stück Torf bei der Entgasung im Gaserzeuger.

behalten im wesentlichen die Formen bei, in denen sie zur Entgasung kommen. Es findet zwar mit dem Flüchtigwerden eines Teils der Brennstoffe eine gewisse Schrumpfung, ein Kleinerwerden der Stücke statt, aber im wesentlichen ist sowohl die Form der Stücke, wie die innere Struktur dem ursprünglichen Zustande sehr ähnlich. Bei Holz und Torf begünstigt diese Eigenschaft die Verwendung, weil dadurch die Hohlräume zwischen den Stücken dauernd erhalten bleiben und so in der Feuerung sowohl wie im Generator die Möglichkeit für den Durchzug der Luft und der Gase geschaffen ist. Ein Lichtbild zeigt dieses Verhalten für Torf (Abb. 8). Bei einem 3 m hohen Generator, dem die abgebildeten Stücke entnommen sind, konnte man feststellen, wie der Brennstoff beim Tiefersinken seine Form vollkommen behält und nur mehr und mehr in einen harten Koks übergeht. Noch 60 cm über dem Rost ist die Stückform der Torfkohle erhalten, nur ist infolge der vielfachen Bewegung das Stück in der Mitte zerbrochen. Infolge dieses Verhaltens tritt bei Holz und Torf eine Verstopfung von Rost und Generator nicht auf. Das ist auch deshalb wichtig, weil sie als Zusatz zu stark schlackender oder stark backender Steinkohle und mulmiger, pulveriger Rohbraunkohle den Betrieb ganz wesentlich erleichtern. Diese günstige Erfahrung wurde überall, wo diesbezügliche Versuche gemacht wurden, bestätigt.

Für die Braunkohle trifft im Prinzip Ähnliches zu. Aber die Braunkohle bietet sich von Natur meist in krümlichem und mulmigem Zustande dar, daher ist auch der Entgasungsrückstand feinkörnig und pulverig. Aber auch die guterhaltenen Stücke besitzen nur ganz geringe Festigkeit. Das hat aber gerade große Nachteile. Auf dem normalen Rost führt diese Form leicht zu großen Verlusten, weil das Unverbrannte mit der Asche vermengt durch den Rost fällt. Infolgedessen findet man in der Asche der Braunkohle oft 30 ja 50% unverbrannte Bestandteile. Deshalb ist für die Rohbraunkohle der Planrost u. ä. unzweckmäßig, der Treppenrost günstiger. Auch Verluste durch Flugstaub treten infolge dieses Verhaltens leicht ein, weil von dem anzuwendenden starken Zug das pulverige Material in die Feuerzüge geweht wird. Auch diese Verluste sind oft recht beträchtlich. Im Generator spielen ähnliche Verhältnisse eine Rolle, weil die dichte Lagerung den Durchzug der Gase hemmt. Bei den Braunkohlenbriketts ist das Verhalten verschieden. Gute Braunkohlenbriketts behalten im Feuer ihre Form und geben ähnlich wie der Torf zusammenhaltende Kohlerückstände. Mit solchen Briketts läßt sich jede Halbgasfeuerung und jeder Generator besonders gut betreiben. Das Verhalten ist aber nicht allgemein, sondern es gibt auch Braunkohlenbriketts, die bei der Entgasung in Pulver zerfallen, diese sind weniger angenehm in der Feuerung und bringen ähnlich wie Rohbraunkohle im Generator große Schwierigkeiten hervor.

Im Gegensatz zu diesen jüngeren Brennstoffen zeigen viele Steinkohlen ein wesentlich anderes Verhalten. Viele Arten von Steinkohlen schmelzen bei der Erhitzung. Dieses führt dazu, daß bei der Entgasung benachbarte Teile zusammenschmelzen und einen einheitlichen Kokskuchen bilden; diesen Vorgang nennen wir »backen«. Die Steinkohlen zeigen dieses Verhalten in sehr verschiedenem Grade, während es auf der einen Seite stark backende Kohle gibt, deren Kokskuchen vollkommen einheitlich unter Aufblähen zusammengeschmolzen ist, gibt es auf der anderen Seite Kohlen, die überhaupt nicht schmelzen und genau die Form behalten, in der sie zur Entgasung kommen. Dieses Verhalten ist für die praktische Anwendung natürlich von großer Bedeutung, namentlich deshalb, weil es verbunden ist mit einer Verschiedenheit in der Gasentwicklung und diese beiden Eigenschaften, der Grad des Zusammenbackens und die Menge an Gas, die beim Erhitzen der Kohle entwickelt wird, sind maßgebend für die Art der Verwendung. Man hat deshalb auf Grund dieses Verhaltens eine Einteilung der Steinkohlentypen gegründet. Diese Einteilung ist in der beistehenden Tabelle aufgeführt.

Steinkohlentypen.

Kohlentype	Elementar-Zusammensetzung der Reinkohle %	Disponibler Wasserstoff[1] %	Menge des Koksrückstandes bei der Entgasung	Beschaffenheit des Koksrückstandes	Menge des entwickelten Gases; Beschaffenheit der Flammen	Vertreter des Kohlentypes
Trockene Kohle (Sandkohle) Flammkohle	75—80 C 5,5—4,5 H 19,5—15,5 O	2,5—3	50—60	pulverförmig, höchstens zusammengefrittet Spez. Gew. 1,25	50—40 langflammig	Schles. Kohlen
Fette Kohle (Backkohle) Gaskohle	80—85 C 5,8—5 H 14,2—10 O	3,7—4	60—80	geschmolzen, stark gebläht Spez. Gew. 1,28—1,3	40—32 langflammig	Saar- u. Ruhrkohlen
Fette Kohle (Backkohle) Eßkohle	84—89 C 5,5—5 H 10,5—6 O	um 4,2	68—74	geschmolzen, mittelmäßig fest Spez. Gew. 1.30	32—26 mäßig lange Flamme	Ruhrkohlen
Fette Kohle (Backkohle) Kokskohle	88—91 C 5,5—4,5 H 6,5—4,5 O	4,0—4,7	74—82	geschmolzen sehr fest Spez. Gew. 1,3—1,35	26—18 kurzflammig	Ruhrkohlen
Magere Kohlen (Anthrazitische Kohlen) und Anthrazit	90—95 C 4,5—2 H 5,5—3 O	3,8—1,5	82—92	wenig gefrittet bis pulverförmig Spez. Gew. 1,35—1,41	18—8 sehr kurzflammig	Westfälische sowie Sächsische Anthrazite

Eine Kohle, die »trocken« ist, wenig backt, also den Durchzug durch die Brennstoffschicht dauernd offen erhält, aber viel Gas, also eine lange Flamme gibt, heißt Flammkohle und ist für die Befeuerung großer Räume, insbesondere für Dampfkesselbeheizung besonders geeignet. Eine Kohle, die einen vollkommen zusammengebackenen festen Koksrückstand gibt und viel Gas, ist die gegebene Kohle für die Leuchtgasfabrikation. Eine Kohle, die mäßig Gas, aber einen porösen, leicht entzündlichen Koks gibt, eignet sich als Eßkohle. Für die Herstellung von Hüttenkoks verzichtet man auf ein großes Ausbringen an Gas und legt Wert darauf, einen möglichst kompakten Koksrückstand und möglichst hohe Ausbeute an diesem Produkt zu erzielen. Für Füllöfen des Haushalts, für kleine Kraftgaserzeuger, wo eine möglichst gleichmäßige Verbrennung bei den geringsten Ansprüchen an Bedienung und keine Störung durch Zusammenbacken der Kohle verlangt wird, nimmt man magere Kohle, die kaum zusammenfrittet bzw. bei der die Einzelstücke bei der Erhitzung nicht im geringsten aneinanderkleben und nur sehr schwache Gasentwicklung auftritt.

Man prüft die Kohle nach den soeben entwickelten Gesichtspunkten dadurch, daß man die Kohle in pulverigem Zustande in einem kleinen Tiegel

---

[1] Über den Begriff des disponiblen Wasserstoffes siehe Seite 48.

erhitzt und sie so der »Verkokungsprobe« unterwirft. So erhält man ein Bild von den Eigenschaften der Kohle. Der Gasgehalt läßt sich durch die Größe der Flamme, die aus dem Tiegel schlägt und aus dem Gewichtsverlust, den die Kohle beim Erhitzen erleidet, feststellen. Der im Tiegel bleibende Rückstand zeigt, in welchem Maße die Kohle zum Backen neigt. Das folgende Lichtbild gibt uns eine Anschauung, wie verschieden diese Rückstände aussehen, je nach Art der Kohle. (Abb. 9.)

Für die Verwertung im Generator sind natürlich trockene Kohlen besonders wertvoll, weil durch sie der Generatorbetrieb infolge Zusammenbackens der Kohlen nicht gestört wird. Natürlich lassen sich auch bei entsprechender Aufmerksamkeit andere Kohlenarten im Generator verarbeiten, aber die Sorgfalt des Schürers muß bei solchen Kohlen eine viel größere sein.

Noch ein Wort über die chemische Zusammensetzung der Entgasungsrückstände. Diese Produkte enthalten dieselben Elemente wie die Brennstoffe, durch deren Erhitzung sie erhalten sind: Kohlenstoff, Wasserstoff, Sauerstoff, Stickstoff, Schwefel. Aber der Gehalt an diesen Elementen ist bei fast allen, mit Ausnahme des Kohlenstoffs, herabgemindert. Der Kohlenstoffgehalt hat eine sehr starke Anreicherung erfahren. Aber nie ist unter praktischen Verhältnissen ein Entgasungsrückstand reiner Kohlenstoff, es bleiben immer kleine Mengen von Wasserstoff und Sauerstoff zurück.

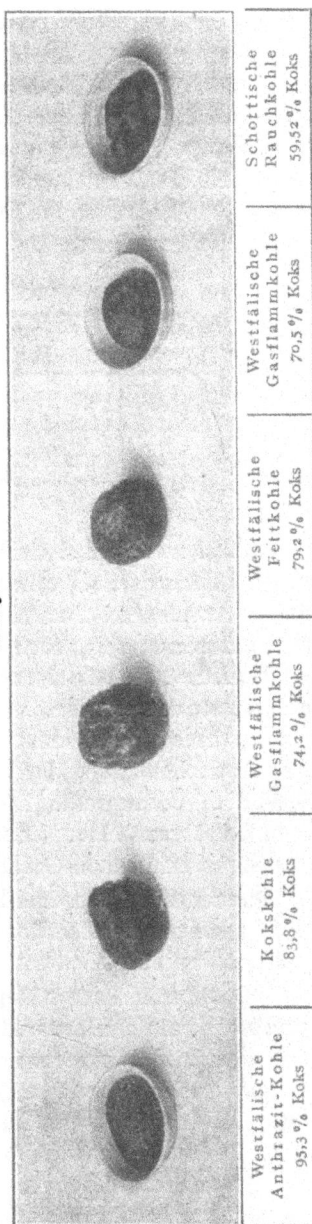

Abb. 9.

Schottische Rauchkohle 59,52 % Koks

Westfälische Gasflammkohle 70,5 % Koks

Westfälische Fettkohle 79,2 % Koks

Westfälische Gasflammkohle 74,2 % Koks

Kokskohle 83,8 % Koks

Westfälische Anthrazit-Kohle 95,3 % Koks

Zusammsetzung einiger Koksproben.
(bezogen auf wasser- und aschefreie Substanz)

Entgasungs-temperatur		% C	% H	% O
400°	Holzkohle . . .	82,7	3,8	18,5
500°	Torfkohle . . .	91,0	2,2	6,8
1100°	Ruhrkohlenkoks	96,2	0,6	1,2

Ausdrücklich muß noch darauf aufmerksam gemacht werden, daß der Entgasungsvorgang sich nicht prompt bei einer bestimmten Temperatur einstellt und vollkommen vollzieht. Er ist nicht eine glatte, bei einer bestimmten

Temperatur eintretende Spaltung in feste und flüchtige Produkte, nicht wie beim Brennen des Kalks eine glatte eindeutige Umwandlung in festen Ätz-kalk und flüchtige Kohlensäure eintritt. Eine solche schematische Auffassung wäre falsch. Der Entgasungsvorgang vollzieht sich über ein erhebliches Temperaturgebiet hinweg und mit dem allmählichen Ansteigen der Temperatur ändert sich die Zusammensetzung des Entgasungsrückstandes wie auch der Gase, die er bei weiterem Erhitzen entwickelt. Die folgenden Zahlen mögen dies deutlich machen:

Zusammensetzung des Entgasungsrückstandes.

Tempe-ratur	Holz			Torf				
	C	H	O	C	H	O	N	S
250	70,6	5,2	24,2	57,80	5,79	33,20	2,94	0,27
300	73,2	4,9	21,9	59,90	5,80	30,80	3,13	0,37
400	82,7	3,8	13,5	73,44	4,56	17,99	3,67	0,34
	(nach Klason)			(nach Börnstein)				

Ähnlich verhalten sich die älteren Brennstoffe, für die aber kein so lehr-reiches Zahlenmaterial vorliegt. Nur vollzieht sich für diese Entgasung bei höherer Temperatur. Auch bei ihnen findet man einen dauernden Wechsel der Zusammensetzung, fortgesetzte mit dem Temperaturanstieg sich ändernde Gasabspaltung. Die kohlenstoffreichen Gase, die das Leuchten und Rußen der Flamme verursachen, verschwinden mit dem Fortgang der Entgasung mehr und mehr. Aus einem nahezu ausgegasten Rückstande treten sie nicht mehr aus, Kohlenoxyd, Methan, und namentlich Wasserstoff treten ganz über-wiegend in Vordergrund. Die Flamme eines solchen Rückstandes leuchtet kaum oder brennt blau. Das führt leicht zur Verwechslung mit den aus der Vergasung stammenden Gasflammen, über die später zu sprechen sein wird.

Die Entgasung und die Rückstände, die sie liefert, zeigen also eine ganze Reihe beachtenswerter Eigentümlichkeiten. Überblicken wir nochmals dies Gebiet, so ergeben sich kurz folgende Leitsätze:

Kein natürlicher oder nur mechanisch veränderter fester Brennstoff verbrennt unmittelbar und unverändert. Die Hitze des Feuers führt immer zu einer Entgasung, einerlei ob er auf dem Rost oder im Gaserzeuger-schacht verbrannt wird. Die Art des Rückstandes und seine Menge be-stimmt Gestaltung und Größe des Rostes.

Die Zweiteilung des Verbrennungsvorgangs, die sich auf natürlichem Wege ganz von selbst einstellt, erfordert auch zweiteilige Luftzufuhr: die »Oberluft« für die Verbrennung der aus dem erhitzten Brennstoff dringen-den Gase und die »Unterluft« für die Verbrennung des Entgasungsrück-standes auf dem Rost. Das Verhältnis von festem Rückstand und flüchtigen Bestandteilen, sowie ihr Luftbedarf bestimmt die Verteilung des Gesamt-luftbedarfs auf Unterluft und Oberluft.

Flüssige Brennstoffe.

Eine gewisse Rolle spielen auch die flüssigen Brennstoffe, über die uns die bereits gegebene Einteilung der Brennstoffe einen Überblick gibt. Wir sehen aus ihr, daß es vorwiegend künstliche Produkte sind, die als flüssige Brennstoffe in Frage kommen, da Deutschland an natürlichen Mineralölen (Petroleum) arm ist, und das wenige Öl, das zur Verfügung steht, anderen Zwecken zugeführt werden muß. Die flüssigen Brennstoffe enthalten im allgemeinen wenig Wasser und nur Spuren von Asche oder gar keine. Während für die festen Brennstoffe die chemische Natur des »Brennbaren« wenig ergründet ist, haben wir für die flüssigen Brennstoffe immerhin gewisse Einblicke in ihre Zusammensetzung. Im allgemeinen sind sie dadurch charakterisiert, daß sie im Verhältnis zu den festen Brennstoffen mehr Wasserstoff enthalten, und zwar ungefähr 10 bis 15% Wasserstoff, 90 bis 85% Kohlenstoff. Es handelt sich auch hier, wenn wir vom Benzin, Benzol, Toluol und Ähnlichem absehen, um Verbindungen mit einer sehr großen Anzahl von Atomen im Molekül. Das Stearin z. B., das flüssig in der Kerze brennt, hat die Zusammensetzung $C_{18} H_{36} O_2$. Genau betrachtet ist es eine Kette von 17 CH_2-Gruppen, an deren einem Ende ein Wasserstoffatom, am andern Ende die CO OH-Gruppe hängt. Um noch ein Beispiel zu wählen, sei auf das amerikanische Petroleum hingewiesen. Dort haben wir Verbindungen, die zwischen $C_{10} H_{22}$ und $C_{20} H_{42}$ liegen. Es handelt sich dabei um Ketten von 10 bis 20 CH_2-Gruppen, an deren beiden Enden nur je ein Wasserstoff angehängt ist. Es wäre nun falsch, wenn wir glaubten, daß diese flüssigen Brennstoffe ohne weiteres und unverändert brennen würden.

Wenn wir in ein kleines Schälchen etwas Mineralöl bringen und über die Oberfläche des Öls eine kleine Gasflamme führen, so gelingt es uns nicht, das Öl zur Zündung zu bringen. Wenn wir aber durch eine Gasflamme, die wir unter das Schälchen setzen, das Öl erwärmen, so tritt zwar zunächst keine Zündung ein. Jedoch sehen wir nach einiger Zeit Dämpfe aus dem erhitzten Öl aufsteigen und die so entstehenden Dämpfe lassen sich entzünden. Das auf eine bestimmte Temperatur erhitzte, dampfende Öl kommt ins Brennen (»Flammpunkt« der Öle).

Aber auch der Weitergang des Verbrennens vollzieht sich nicht ohne Einwirkung auf das unverbrannte Öl und die entwickelten Dämpfe. Genau wie wir es bei den festen Brennstoffen gesehen haben, wird unter der Hitze des Entzündens und des Weiterbrennens das große Molekül zerschlagen und in einfache Bestandteile aufgelöst, die in Gas- und Dampfform dann der Verbrennung unterliegen. Schon geringe Hitzegrade, wie z. B. die des vorsichtigen Destillierens, verändern die flüssigen Brennstoffe und spalten Gas und benzinähnliche Dämpfe ab. Beim Destillieren hochsiedender Öle bleibt auch immer ein Pechrückstand, der bei weiterer Temperatursteigerung einen festen kohligen Rückstand, »Koks«, liefert. Die Menge ist allerdings wesentlich geringer als die bei der Entgasung von festen Brennstoffen zurückbleibenden Koksmengen. Absichtlich wird dieser Zersetzungsvorgang bei höherer Temperatur unter möglichst weitgehender Zersetzung des Öls zur Herstellung des Ölgases herbeigeführt, wo Gasöl in glühende Retorten eintropft. Wichtig ist auch, daß der Teer bei seiner Entstehung oft sich schon zersetzt, und bei dem oben geschilderten Vorgang des »Backens« von Steinkohlen spielt gerade diese Tatsache eine große Rolle. Im Koksofen, in der Gasretorte und im Generator werden die Schichten des frisch aufgegebenen Brennstoffes nicht gleichmäßig durchwärmt. Die den heißen Teilen am nächsten liegenden Kohlen werden zunächst zersetzt und geben Teer. Dieser Teer scheidet sich zwischen den kalt gebliebenen Kohlenteilen ab; wenn dann die Hitze zu diesen durchdringt, erleidet der Teer mit der Steinkohle eine Zersetzung, eine »Verkokung«, und dieser Teerkoks wirkt mit, die aus der Kohle entstandenen Koksteile zu verkitten und zu festigen. Auch bei unseren Gaserzeugern erhalten wir Teerzersetzungen, wenn sie »zu heiß gehen«, ja sogar in überhitzten Gasleitungen.

Diese Zersetzungen treten bei der Ölfeuerung auch unter dem Einfluß der Flamme auf. Besonders stark sind sie bei der alten »Schalenfeuerung«. Dort steht eine große Menge Öl unter der Wirkung der Hitze der eigenen Flamme und wird weitgehend zersetzt. Selbst bei unseren neuzeitlichen Ölbrennern, in denen das Öl zu einem feinen Nebelschleier zerstäubt wird, läßt sich ein Koksansatz nicht vollkommen vermeiden und muß von Zeit zu Zeit entfernt werden. Die vielfach verbreitete Ansicht, daß die flüssigen Brennstoffe gegen Hitze unempfindlich seien und daß sie unverändert in der Flamme brennen, ist also ganz unzutreffend. Die Sache liegt vielmehr wie folgt:

Die große Beweglichkeit, die der Brennstoff in flüssigem Zustand besitzt, gestattet, den flüssigen Brennstoff so fein zu verteilen, daß er überall die notwendige Luft vorfindet, um seine Zersetzungsprodukte prompt verbrennen zu lassen. Geschieht hier nicht die richtige Verteilung und die richtige Luftzufuhr, so treten , genau wie beim festen Brennstoff, Verluste durch Ruß- und Gasbildung ein. Aber, wie gesagt, die flüssige Form erleichtert es uns, in dauernder Gleichmäßigkeit die richtigen Verhältnisse einzustellen. Die rußfreie Verbrennung wird auch bei Ölfeuerungen durch glühende Gitterwerke, Gewölbe und Feuerbrücken noch erleichtert, wie wir das auf S. 19 sahen.

Es kommt hinzu, daß die Beschickung des Brenners mit der Flüssigkeit gegenüber dem festen Brennstoff sehr erleichtert ist. Auch die Anpassung der Flamme an Größe und Form des zu beheizenden Raumes ist bei der Verwendung von flüssigem Brennstoff sehr viel leichter und den Eigenschaften der Gasflamme ähnlich. Dazu kommen große Ersparnisse an Arbeit und

Bequemlichkeiten beim Verladen, Versenden, Stapeln usf.[1]). Diese Vorzüge haben zu Zeiten, wo gewisse Öle, namentlich Teerheizöl, sehr billig waren, dazu geführt, daß die Glasfabriken sich gerne der Ölfeuerung bedienten. Der hohe Heizwert dieser Öle erleichtert die Erzielung der notwendigen hohen Temperaturen, und so ist, sofern der Preis der Öle es gestattet, die Ölfeuerung als wertvolles Hilfsmittel der Glasindustrie anzusehen. Zurzeit allerdings sind die Preise der Öle immer noch verhältnismäßig viel höher als die der Kohle.

Eine weitere sehr wichtige Anwendung der flüssigen Brennstoffe ist die als Kraftstoff in Verbrennungsmotoren. Für die Explosionsmotoren werden niedrig siedende oder doch leicht verdampfende Flüssigkeiten verlangt, die im gasförmigen Zustand mit Luft ein explosibles Gemisch bilden (Benzin, Benzol, Naphthalin, Spiritus). In den Dieselmotoren kommen höher siedende Öle, Destillate des Erdöls, des Braunkohlenteers, aber auch des Steinkohlenteers in Anwendung. Für diese Zwecke wird verlangt, daß der fein verteilte Nebel der »Treiböle« in komprimierter Luft bei nicht zu hoher Temperatur (am besten 300^0 bis 400^0) sich von selbst entzündet (»Zündpunkt«). In dieser Beziehung sind die Treiböle aus Erdöl oder Braunkohlenteer besser, als die aus Steinkohlenteer, jedoch finden auch die letzteren mit Vorteil Verwendung.

Gasförmige Brennstoffe.

Die Vorteile, die der Zustand eines Brennstoffes für seine Verwendbarkeit bringt, sind gegenüber dem flüssigen Brennstoff bei den gasförmigen Brennstoffen noch gesteigert. Gasförmige Brennstoffe natürlichen Ursprungs besitzen wir in Deutschland mit der Ausnahme von Neuengamme bei Hamburg so gut wie keine. Wir müssen die Gase uns selbst erzeugen, und zwar sind es zwei Wege, die für die Erzeugung von Brenngas in Frage kommen. Der eine Weg ist die bereits besprochene Entgasung, der andere die sog. Vergasung.

Die Veränderungen, die die festen Brennstoffe bei der Erhitzung erleiden, haben uns schon den Vorgang der Entgasung im einzelnen gelehrt. Die praktische Durchführung geschieht so, daß wir in abgeschlossenen Räumen (Koksöfen, Gasretorten) den Brennstoff einer länger dauernden Erhitzung unterwerfen. Dabei wird, wie wir dies bereits im Versuch gesehen haben, der Brennstoff zersetzt. Er liefert uns so neben dem Koks und flüssigen Bestandteilen, dem Teer, eine gewisse Menge Gas. Die Zusammensetzung der Gase ist abhängig von der Natur, insbesondere dem Alter des Brennstoffes und von der Höhe der Temperatur, bei der die Entgasung vollzogen wurde. Dieser

---

[1]) Es wurde berechnet, daß ein großer, zwischen Europa und Nordamerika verkehrender Dampfer beim Ersatz von Kohle durch Heizöl statt 192 Heizer und 120 Kohlentrimmern nur 27 Mann braucht und auf jeder Hin- und Herfahrt 2000 t Nutzlast spart.

Unterschied sei gezeigt an der Zusammensetzung des aus Steinkohle hergestellten Leuchtgases und an der des Holzgases, die aus folgender Tabelle
zu entnehmen sind.

Durch Entgasung erzeugte Brenngase.

		Aus Steinkohle		aus Torf	aus Holz
		Leucht-gas	Koksofen-gas	Torfgas	Holzgas
Wasserstoff	H_2	49	55,0	23,5	10,—
Sumpfgas	CH_4	34	25,5	19,2	8,—
Schwere Kohlenwasserstoffe	$C_n H_m$	5	1,8	3,2	2,—
Kohlenoxyd	CO	8	4,6	24,1	34,—
Kohlensäure	CO_2	2	2,5	30,0	46,—
Stickstoff	N_2	2	10,6	—	—
Heizwert WE		5200	4000	3260	2240

Es muß aber hervorgehoben werden, daß die Zusammensetzung der Gase
während der Entgasung sich stark ändert. Zu Beginn des Vorgangs tritt die
Kohlensäure stärker auf als später, wenn der Brennstoff höhere Temperatur erreicht und die leicht abspaltbaren Atomgruppen schon abgegeben
hat. Bei der Steinkohle verschwindet am Ende der Entgasung die Kohlensäure fast vollkommen. Während anfangs Wasserstoff und Sumpfgas in
ziemlich gleichen Mengen im Gas auftritt, wird der Anteil des Sumpfgases
mit dem Fortschritt der Entgasung der Steinkohle geringer und der Gehalt
an Wasserstoff wächst stark an. Bei Holz, Torf und Braunkohle erhält man
im Anfangsstadium der Entgasung beinahe nur Kohlensäure. Erst beim
Ansteigen der Temperatur treten die anderen Gasbestandteile stärker auf.
Ebenso macht sich der Einfluß der Temperatur, auf die der zu entgasende
Brennstoff gebracht ist, auf den Gehalt an schweren Kohlenwasserstoffen im
Gase geltend. Das Temperaturgebiet, in dem sie hauptsächlich auftreten,
liegt bei den verschiedenen Brennstoffen in verschiedener Höhe. Ganz allgemein kann aber gesagt werden, daß hohe Temperatur für den Bestand der
schweren Kohlenwasserstoffe ungünstig ist, da diese die schweren Kohlenwasserstoffe zersetzt. Wir sehen also wieder, daß die Entgasung kein einfacher
Vorgang ist, nicht eine glatte Spaltung des Brennstoffs in einen bestimmten
Rückstand und in ein bestimmtes Gas. Die in der Tabelle gegebene Zusammensetzung ist die des Gemisches sämtlicher Gase, die in den verschiedenen Stadien
der Entgasung entstehen.

Das Leuchtgas ist durch seinen hohen Gehalt an Wasserstoff und Methan
ausgezeichnet. Die Sauerstoff enthaltenden Bestandteile, das Kohlenoxyd
und die Kohlensäure treten zurück, sind nur etwa zu 10% in ihm enthalten.
Beim Holzgas sind entsprechend dem hohen Gehalt des Holzes an Sauerstoff
diese Verbindungen, Kohlenoxyd und Kohlensäure, stark vertreten, zusammen
über 80%. Der Wert des Holzgases wird gegenüber dem Leuchtgas durch diese

Bestandteile stark beeinträchtigt. Diese durch Entgasung hergestellten Gase kommen für die Glasfabriken und andere großindustrielle Feuerungen nur in wenigen Fällen in Frage, hauptsächlich für Lampenarbeit, Absprengen, Abschmelzen usf. Allerdings im Industriegebiet, wo die Wärmewirtschaft der Kokereien im Laufe der letzten Jahrzehnte sich immer mehr vervollkommnet hat, wo mehr und mehr große Überschüsse an Gas außerhalb des Betriebes abgegeben werden können, ist es möglich geworden, dieses wertvolle, dem Leuchtgas sehr nahe stehende Kokereigas den Glasfabriken zu überlassen und ihnen damit einen Brennstoff zuzuführen, der an Wert das sonst in den Glasfabriken übliche Generatorgas weit übertrifft und beinahe eine Parallele zu dem in Amerika verwendeten Erdgas bietet.

Vergasung.

Die Vergasung stellt eine unvollkommene Verbrennung der Brennstoffe dar. Wir führen durch mangelnde Luft und Wasserdampfzufuhr den Brennstoff in gasförmige Bestandteile über, die ihrerseits noch brennen können. Es sind wenige einfache Reaktionen, die der Vergasung zugrunde liegen. Wir haben gelernt, daß der Kohlenstoff mit dem Sauerstoff der Luft sich zu Kohlensäure verbindet.

$$C + O_2 = CO_2.$$

Diese Reaktion tritt auch immer im ersten Stadium der Verbrennung ein. Die Kohlensäure ist aber gegenüber glühendem Kohlenstoff sehr wenig beständig, und zwar je höher die Temperatur ist, um so begieriger wird von dem glühenden Kohlenstoff die Kohlensäure angegriffen und zu Kohlenoxyd verwandelt. Der glühende Kohlenstoff vergast also gewissermaßen in der Kohlensäure zu Kohlenoxyd.

$$C + CO_2 = 2CO.$$

Ist die Kohlenschicht niedrig, so ist die Möglichkeit, daß der glühende Kohlenstoff Kohlensäure reduziert, gering, schon weil der Überschuß des Luftsauerstoffes zu groß ist. Haben wir aber eine hohe Kohlenschicht, so trifft die unten gebildete Kohlensäure immer wieder auf glühenden Kohlenstoff und wird zu Kohlenoxyd verwandelt. Ein kleiner Versuch überzeugt davon. Wir bringen in einen kleinen Glimmerzylinder, wie er gelegentlich beim Gasglühlicht verwandt wird, eine Scheibe eines Drahtnetzes, das einen kleinen Rost bildet, legen darauf eine dünne Schicht von glühender Holzkohle und blasen Luft durch diese, so sehen wir zwar die Kohlen hell erglühen, aber es gelingt uns nicht, die abströmenden Gase zu entzünden. Die Holzkohle ist vollkommen zu Kohlensäure verbrannt[1]). Sobald wir aber eine höhere Brennstoffschicht anwenden, greift die Glut höher und höher. Es entsteht

---

[1]) Die Frage, ob Kohlenstoff unmittelbar zu CO oder CO_2 mit Luft verbrenne, hat in letzter Zeit zu einem Wortstreit in Zeitschriften geführt. Das hier Vorgetragene, daß C primär immer zu CO_2 verbrenne, ist die auf gründliches Studium der Frage gestützte Überzeugung des Verfassers, die von den maßgebenden Brennstoff-Chemikern (Bunte, Haber, Franz Fischer, Wielandt, Boudouard, Lechatelier) geteilt wird.

eine größere Oberfläche von glühender Kohle, die uns die Kohlensäure in Kohlenoxyd verwandelt. Nun können wir das oben am Zylinder abströmende Gas entzünden. Wir sehen das Schachtofengas, Generatorgas brennen. Dieser Vorgang setzt aber bestimmte Temperaturen voraus. Bei niedriger Temperatur bleiben erhebliche Teile der Kohlensäure unverändert. Auch bedarf die Umsetzung eine gewisse Zeit. Wenn wir die im unteren Teil der Schicht gebildete Kohlensäure zu rasch an der glühenden Kohle vorbeiblasen, reicht die Zeit nicht aus, sie zu reduzieren. Es entsteht nur wenig Kohlenoxyd. Das abströmende Gas brennt nicht. Je höher die Temperatur ist, um so höher ist der Gehalt an Kohlenoxyd und um so rascher stellt sich das Höchstmaß an Kohlenoxyd (das »Gleichgewicht«) ein. Über 1000⁰ ist praktisch nur Kohlenoxyd, sehr wenig Kohlensäure vorhanden.

Eine zweite Art der Vergasungsreaktionen beruht auf der Einwirkung von glühendem Kohlenstoff auf erhitzten Wasserdampf, und zwar spielen auch hier je nach der Temperatur zwei Reaktionen eine Rolle. Bei hoher Temperatur tritt ein Molekül Wasser mit einem Atom Kohle in Umsetzung und liefert uns Kohlenoxyd und Wasserstoff.

$$C + H_2O = CO + H_2.$$

Bei niedriger Temperatur wirken 2 Moleküle Wasser auf Kohle ein und liefern 1 Molekül Kohlensäure und 2 Molekül Wasserstoff.

$$C + 2H_2O = CO_2 + 2H_2.$$

Wir sehen also, wie durch diese Vergasungsreaktionen brennbare Gase, Kohlenoxyd und Wasserstoff entstehen.

Je nachdem die eine oder andere Reaktion in den Vordergrund tritt, entstehen verschiedene Arten von Brenngasen. Wenn natürliche feste Brennstoffe zu der Vergasung verwendet werden, so tritt ausnahmslos im Schachtofen, in dem die Vergasung durchgeführt wird, vor der Vergasung eine Entgasung ein. Infolgedessen sind in solchen Fällen die durch Vergasung aus natürlichen Brennstoffen entstehenden Gase immer mit den Produkten der Entgasung, Gasen und Teerdämpfen (s. S. 20 u. ff.), vermischt. Nur in den seltenen Fällen, wo Koks oder Holzkohle zur Vergasung kommt, treten die Vergasungsvorgänge fast rein in Erscheinung.

Wird die Vergasung nur mit Luft vollzogen, so treten an die Stelle von 1 Volumen Sauerstoff 2 Volumen Kohlenoxyd.

$$C + O_2 = 2CO.$$

Aus 100 Luft mit bekanntlich 21 Sauerstoff entstehen 121 Generatorgas mit 42 Teilen Kohlenoxyd. Das theoretische Generatorgas mit dem Höchstmaß an Kohlenoxyd besteht also aus 34,7% CO und 65,3% N_2.

Das theoretische Wassergas, das durch die Zersetzung von Wasserdampf mit Kohle entsteht, enthält 50% Kohlenoxyd und 50% Wasserstoff. Vollzieht sich die Wassergasherstellung bei ganz niedriger Temperatur, so erhalten wir $33\frac{1}{3}$% Kohlensäure und $66\frac{2}{3}$% Wasserstoff. Das praktisch hergestellte Wassergas nähert sich der ersten Zusammensetzung und ist nur mit wenig Gas der zweiten Zusammensetzung (CO_2-Gehalt) vermengt.

In der Praxis wird nun häufig ein Mischgas verwendet, ein Schachtofengas (Generatorgas), das unter Zuführung von Wasserdampf zum Generator[1]) hergestellt wird, und zwar aus dreierlei Gründen: Erstens kann die Dampfzufuhr in einem Gebläse geschehen und gestattet damit eine Steigerung und Regelung der Luft- und Gasbewegung im Generator. Zweitens kühlen wir durch die Verwendung des Wasserdampfes die Generatorschicht und setzen damit die Temperatur des entstehenden Gases herunter. Dadurch wird der Verlust durch Strahlung und Abwärme kleiner. Schließlich aber wird durch diese Herabsetzung der Generatortemperatur ein günstiger Einfluß auf die Schlacke ausgeübt. Die Schlacke kommt nicht so stark zum Fließen und wird durch die rasche Abkühlung, die der kalte Dampfstrom am Rost erzeugt, abgeschreckt. Dadurch neigt sie zum Springen und Krümeln und läßt sich so leichter entfernen. Wir haben also praktisch meist mit Generatorgas, das mehr oder weniger Wassergas enthält, also mit »Mischgas« zu tun. Bei der Erzeugung dieser Art Gase ist der Wasserdampfzusatz 0,1 bis 0,5 kg, ja manchmal bis 1 kg auf 1 kg vergasten Brennstoff. Diese Gase sind es, die hauptsächlich für die Beheizung unserer Glasöfen dienen. Ein Gas, bei dem verhältnismäßig sehr viel Wasserdampf (ca. 2,5 kg Wasserdampf auf 1 kg Kohle) zugesetzt wird, ist das Mondgas.

Das Wassergas, das nur durch Einwirkung von erhitztem Wasserdampf auf glühenden Koks erzeugt ist, spielt in der Glasindustrie, weniger für das Erschmelzen als für die Verarbeitung, besonders für das Absprengen, Abschmelzen und jede Lampenarbeit eine gewisse Rolle und wird zu diesem Zwecke von einzelnen Glasfabriken in eigenen Anlagen hergestellt. Die beifolgende Tabelle gibt einen Überblick über die Zusammensetzung der praktisch vorkommenden, durch Vergasung fester Brennstoffe erzeugten Gase.

Durch Vergasung gewonnene Brenngase.

			Wassergas	Generatorgas				Mondgas
			aus Koks	Koks	Stein-kohle	Braun-kohle	Torf	
brenn-bar	Wasserstoff	H_2	50,8	15,0	5,0	10,3	17,4	27,2
	Sumpfgas	CH_4	0,8	0,8	3,0	1,2	4,0	2,4
	Schwere Kohlenwasserstoffe	$C_n H_m$	0,1	—	—	0,4	—	—
	Kohlenoxyd	CO	39,7	20,6	28,0	27,7	19,1	11,0
nicht brenn-bar	Kohlensäure	CO_2	4,8	8,6	3,0	3,8	11,8	17,0
	Stickstoff	N_2	3,8	55,0	61,0	56,6	54,2	42,5
	Heizwert WE		—	2600	1060	1220	1150	1220	1210

[1]) Unter „Generator" ist hier und im folgenden jede Art von Gaserzeuger, die der Vergasung von festen Brennstoffen dient, verstanden, also auch der alte Siemensgenerator, die sogenannte „Schüttung".

Diese Tabelle zeigt uns, daß wir aus allen festen Brennstoffen brauchbare Heizgase erzeugen können. Wir haben oben gelernt, daß Koks bei der Entgasung als gasfreier Rückstand bleibt. Nun sehen wir, daß die Vergasung uns ermöglicht, aus ihm ein Generatorgas herzustellen, das sich nur wenig von dem aus Steinkohle erzeugten Gas unterscheidet. Wir können also den Koks, der mit der Schlacke gezogen wird, erneut der Vergasung unterwerfen.

Freilich, einen gewissen Einfluß übt die Art des Entgasungsrückstandes auf den Gang der Vergasung aus, einerlei, ob er im Gaserzeuger entsteht oder ihm fertig zugeführt wird (s. S. 22 ff.). Die Umsetzungen zwischen Kohle einerseits, Wasserdampf und Kohlensäure anderseits brauchen zu ihrem Verlauf eine gewisse Zeit. Diese Umsetzungsdauer ist unter sonst gleichen Bedingungen für die verschiedenen Entgasungsrückstände verschieden, lockere, wenig dichte, bei niedriger Temperatur entstandene Entgasungsrückstände wirken rasch, dichtere, bei hoher Temperatur entstandene langsam. Holzkohle, Torfkohle und entgaste Braunkohle wirken prompt, Koks langsam, und zwar um so langsamer, je höher die Temperatur seiner Herstellung ist. Hüttenkoks also noch langsamer als Gaskoks. Demgemäß ist die weitestgehende Umsetzung von Kohlensäure und Wasserdampf mit den jüngeren Brennstoffen leichter zu erreichen als mit Koks. Der letztere erfordert höhere Temperaturen, die die Umsetzungsgeschwindigkeit steigern und größere Schichthöhen, damit die durchstreichenden Gase längere Zeit mit dem glühenden Koks in Berührung bleiben. Kleinere Stücke geben größere Berührungsfläche, vermehren die Berührungsdauer bei gleicher Schichthöhe und begünstigen die Umsetzung. Die Zerkleinerung ist bei der Verwendung des härtesten Materials des Hüttenkokses am notwendigsten.

Wie wir sehen, ist es ein beschränkter Kreis von einfachen Verbindungen, die diese Heizgase zusammensetzen, und doch wird der Charakter der Gase manchmal stark durch einen verhältnismäßig geringen Wechsel in der Zusammensetzung beeinflußt. Das Verhalten der gasförmigen Verbindungen, die hier vorliegen, ist bei der Verbrennung ein verschiedenes. Die hauptsächlichsten Kontraste sind bedingt durch den Anteil an Kohlenoxyd und an Wasserstoff. Die noch einen stärkeren Einfluß ausübenden Verbindungen, Azetylen und Äthylen, kommen in den für uns wichtigen Gasen weniger vor.

Flammenverhältnisse bei Gasen.

Wir haben gesehen, daß eine Flamme immer brennendes Gas ist. Die Unterschiede im Verhalten der Gase werden also in der Art der Flamme besonders zum Ausdruck kommen und diese Unterschiede sind begründet durch die verschieden große Verbrennungsgeschwindigkeit. Eine Flamme ist ein durch die bei der Verbrennung entstehende Wärme zum Glühen gebrachter Gasstrahl. Aus dem Brenner stürmt in die Luft hinein ein Gasstrom, der, einmal entzündet, von der Luft aufgezehrt wird. Je größer nun die Verbrennungsgeschwindigkeit ist, um so näher frißt sich die Luft an den Brenner heran, um so kürzer wird bei gleicher Strömungsgeschwindigkeit des Gases die Flamme. Wir können aber auch in anderer Weise ein Bild von dieser Verbrennungsgeschwindigkeit bekommen, indem wir durch mehrere gleich große Öffnungen nach der Entzündung mit steigender Geschwindigkeit verschiedene Gase ausströmen lassen. Bei einem Gas von kleiner Verbrennungsgeschwindigkeit wird bald der Zustand eintreten, daß die Geschwindigkeit, mit der der Gasstrom aus den Brennern herausströmt, größer ist als die Geschwindigkeit, mit der die Verbrennung dem Brenner entgegenschreitet und das Gas aufzehrt (Versuch). Die Flamme wird dann vom eigenen Gas-

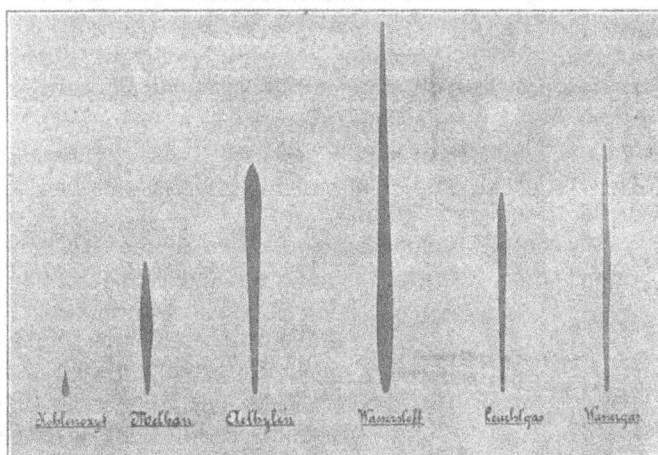

Abb. 10.
Größte Flammenentwicklung verschiedener Brenngase
bei durchweg gleichen Brennern.

strahl weggeblasen und erlischt. Auf diese Weise können wir aus der aus einer gegebenen Öffnung austretenden größtmöglichen Flamme einen Schluß auf die Verbrennungsgeschwindigkeit der verschiedenen Gase ziehen. Je größer die Verbrennungsgeschwindigkeit, eine um so größere Flamme können wir durch Steigerung des Gasstroms erzeugen. Untersuchungen, die in dieser Weise um die Jahrhundertwende im Bunteschen Institut ausgeführt wurden, haben das Ergebnis gehabt, das in obenstehender Tafel (Abb. 10) abgebildet ist.

Auf dieser Tafel sehen wir nun, daß der Wasserstoff eine sehr große, das Kohlenoxyd eine sehr geringe Verbrennungsgeschwindigkeit hat. Schon bei ganz kleiner Gasgeschwindigkeit wird die Kohlenoxydflamme vom eigenen Gasstrahl ausgeblasen. Diese Verbrennungsgeschwindigkeit wird durch unverbrennliche Gase, wie Stickstoff, Kohlensäure und Wasserdampf, noch stark herabgesetzt. Erwärmung steigert sie. So kommt es, daß einfaches wasserstoffarmes Generatorgas kalt überhaupt nicht brennt und daß wir bei der Inbetriebnahme eines neuen Ofens nicht nur, weil der Ofen eine plötzliche

Erwärmung nicht verträgt, sondern auch, um das Generatorgas ins Brennen zu bekommen, vor der Beheizung mit Gas den Ofen durch Holzfeuer auf entsprechende Temperatur bringen müssen. Der Wasserstoff besitzt eine sehr viel höhere Verbrennungsgeschwindigkeit als das Kohlenoxyd, wie die Abb. 10 zeigt. Wir können in der Zeiteinheit aus dem Versuchsbrenner den Wasserstoff mit sehr viel größerer Geschwindigkeit heraustreten lassen, ohne daß seine Flamme weggeblasen wird; umgekehrt frißt sich bei gleicher Strömungsgeschwindigkeit die Luft rascher durch den Wasserstoffstrahl zum Bremer. Bei gleicher Strömungsgeschwindigkeit ist die Wasserstoffflamme kürzer als die des Kohlenoxyds. Die Beimischung von Wasserstoff zum Generatorgas durch Wasserdampfzusatz im Generator hebt also die Brenngeschwindigkeit. Es wird dann bei gleicher Strömungsgeschwindigkeit die Flamme kürzer. Wasserstoffreichere Gase, besonders das Mondgas, besitzen also unter gleichen Verhältnissen eine kürzere, sich mehr der Stichflamme nähernde Flammengestaltung als ein Generatorgas mit weniger Wasserstoffgehalt und erfordern infolgedessen eine andere Einstellung der Brennerverhältnisse.

Den engen Zusammenhang zwischen Brenngeschwindigkeit und Flammengröße können wir auch in folgendem Versuch erkennen. (Abb. 11.) Wir bedienen uns dazu einer sog. Woulffschen Flasche mit zwei Hälsen. Mit durchbohrten Korkstopfen ist auf den einen Hals eine lange weite Glasröhre, in dem anderen ein Zuleitungsrohr eingesetzt. Das Zuleitungsrohr wird mit einem Leuchtgasanschluß verbunden. Öffnet man den Gashahn, so strömt Leuchtgas durch die Einrichtung und oben aus der Glasröhre heraus. Dort entzündet, brennt es mit flackernder Flamme. Nun nehmen wir das Zuleitungsrohr aus der Flasche und schließen den Gashahn. Sogleich kann Luft in die Flasche eintreten, die durch die Glasröhre hochgesaugt wird. Die Flamme ändert sich durch die wachsende Zumischung von Luft, sie wird zusehends kürzer. Dann tritt ein grüner, zunächst spitzer, dann immer stumpfer werdender leuchtender Kegel am Glasrohrrand auf. Der Kegel wird schließlich ganz flach, kriecht in die Röhre hinein und fällt mit wachsender Geschwindigkeit durch die Röhre in die Flasche herunter, deren Inhalt, der Rest des Gasluftgemisches, deutlich hörbar verpufft.

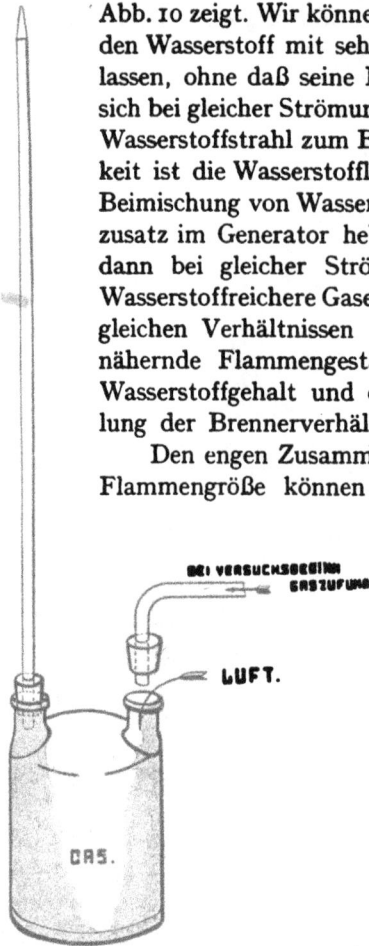

Was ist der Sinn dieses Versuchs: Durch die Beimischung von Luft wird die Verbrennungsgeschwindigkeit vergrößert, die Flamme wird verkürzt.

BEI VERSUCHSBEGINN GASZUFUHR

LUFT.

GAS.

Abb. 11.

Die Erscheinungen treten um so stärker auf, je inniger die Mischung von Luft und Gas und — bis zu einem gewissen Grade — je mehr Luft dem Gas beigemischt ist. In gewissem Sinne sehen wir hier eine Umkehrung des vorigen Versuchs. Dort haben wir die Geschwindigkeit des luftfreien Gasstroms so lange gesteigert, bis die Verbrennung nicht mehr in der Lage war, das ankommende Gas aufzuzehren. Hier haben wir durch Luftbeimischung die Verbrennungsgeschwindigkeit des Gasluftgemisches so weit gesteigert, bis sie die Strömungsgeschwindigkeit überholte und in die Flasche zurückschlug. Das Gemisch wurde rascher durch die Verbrennung aufgezehrt, als es nachströmen konnte. Es ist dies die gleiche Erscheinung, wie man sie immer wieder beim Gasglühlicht, bei den Bunsenbrennern des Laboratoriums und den Gasherden der Küchen beobachten kann, wenn die Flamme infolge zu großen Luftgehaltes »zurückschlägt«. Für unsere technischen Interessen ist aber der wichtigste Schluß: Vorzeitige Luftbeimischung zu einem Brenngas verkürzt die Flamme!

Nun ist weiter zu beobachten, daß bei unseren industriellen Gasfeuerungen mit Wärmeregeneration Gas und Luft in heißem Zustande sich treffen, in einem Erhitzungsgrade, der über dem Entzündungspunkt der Gase liegt. Es ist infolgedessen ganz unmöglich, sie zu mischen, ohne daß eine sofortige Verbrennung einsetzt. Dies soll der folgende Versuch (Abb. 12) zeigen:

Wir nehmen einen großen Bunsenbrenner und setzen auf diesen mit Hilfe eines durchbohrten Korkstopfens (Senfdeckel) einen weiten Gasglühlichtzylinder, und zwar ganz dicht, so daß keine Luft zur Mündung des Brenners dringen kann. Zunächst lassen wir die Luftzufuhr am Bunsenbrenner geschlossen und lassen nur Leuchtgas zuströmen, das wir am oberen Zylinderrand entzünden. Es brennt dort mit der bekannten, leuchtenden Flamme. Öffnen wir nun langsam die Luftzufuhr mehr und mehr, so geschieht aus den gleichen Ursachen Ähnliches, wie wir es im vorigen Versuch gesehen haben. Die Flamme wird kürzer, es tritt ein grüner Kern auf, der, kürzer werdend, schließlich in den Zylinder hineinbrennt. Bei vorsichtiger Regelung der Luftzufuhr gelingt es uns, zu verhindern, daß der Kern auch durch den Bunsenbrenner hindurchschlägt. Wir sehen, wie er auf dem Brennermund, wie beim normalen Brennen, ruhig aufsitzend, dauernd brennt. Aber die Luftzufuhr ist nicht ausreichend und die Verbrennung des Gases unvollkommen. Es bleiben noch verbrennbare Bestandteile übrig. Diese sehen wir oben am Zylinderrand verbrennen. Das Leuchtgas verbrennt also in diesem Falle getrennt in zwei Absätzen ganz entsprechend der Luftzufuhr. Man kann aus diesem Versuch entnehmen, wie ein langer Gasstrahl auf seinem Weg durch die Luft allmählich aufgezehrt wird in dem Maße, wie er die Luft an seiner Oberfläche findet.

Aber auch die Einzelheiten des vorgeführten Versuchs sind lehrreich. Beide Stufen der Verbrennung sehen wir sich in gewissermaßen papierdünnen Kegeln auf kürzester Strecke vollziehen. Das zeigt uns, daß überall, wo heiße, über die Entzündungstemperatur erhitzte Gase mit Luft in Berührung kommen, eine plötzliche Vereinigung von Gas und Luft stattfindet. Deshalb sind unsere Gasbrenner für die Beheizung von großen Ofenräumen so zu gestalten, daß eine rasche, innige Mischung zwischen Gas und Luft vermieden wird. Dies wird z. B. versucht dadurch, daß man das

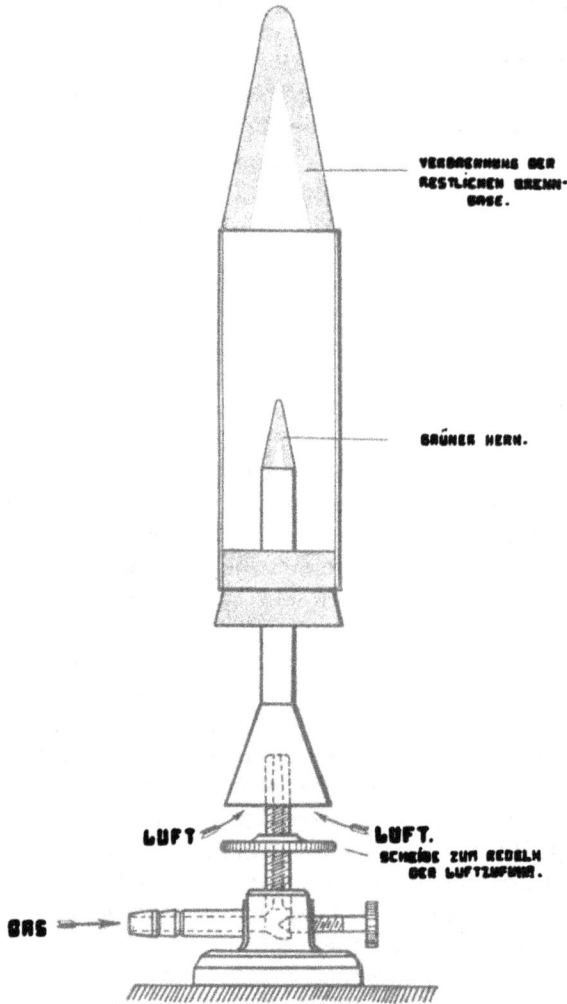

Abb. 12.

leichtere Gas über der schwereren Luft hinweggeführt, um so die Mischung von Gas und Luft auf eine lange, dem Ofenraum entsprechende Strecke hinzuziehen, um eine ausreichende lange Flamme zu erzeugen, die die großen Räume unserer Glasöfen, insbesondere unsere Riesenwannen erhitzt. Man erkennt, daß von diesem Gesichtspunkt aus die Anordnung, die von den ersten

Bauarten der Siemens-Öfen her üblich ist, Luft und Gas getrennt dem Ofen zuzuführen, gewisse Vorteile besitzen muß. Es wird auch vielfach die Luft oben, Gas unten zugeführt. Die Bestrahlung der Glasoberfläche soll bei dieser Anordnung durch die Flammenhitze besser sein. Man kann natürlich auch bei dieser Arbeitsweise durch entsprechende Bemessung und Anordnung der Brenner die gewünschte Flammenentwicklung erzielen. Aus der Erscheinung, daß wir durch die Geschwindigkeit des Gases die Flamme vergrößern können, ziehen wir noch eine weitere Lehre für die Erzeugung großer Flammen. Notwendig ist, dem Brenngas besonders große Geschwindigkeit im Brenner zu verleihen, was dadurch geschieht, daß wir den Querschnitt der Brenner verhältnismäßig klein wählen. In der Tat besitzt das Gas in keinem Teil der Ofenkonstruktion so hohe Geschwindigkeit wie gerade im Brenner beim Austritt aus den Leitungen in die zu beheizenden Räumen.

Natürlich ist auch die Luftzufuhr für die Flammenführung von Bedeutung. Um eine rußfreie und vollständige Verbrennung zu erzielen, muß genügend Luft dem Brenner zugeführt werden. Aber auch ein Zuviel schadet, nicht nur aus wirtschaftlichen Gründen, über die noch zu sprechen ist, sondern auch bei der Einstellung der Flamme. Geben wir zuviel Luft, so stürzt diese mit gesteigerter Geschwindigkeit in das Gas und führt zu einer Verkürzung der Flamme. Also drei Mittel sind es, die gestatten, die gewünschte Länge der Flamme zu erzeugen, daß sie gerade mit den äußersten Spitzen an den Abzugöffnungen (bei Siemensöfen den gegenüber liegenden Brennern) leckt: **Vermeidung vorzeitiger Mischung von Gas und Luft, große Gasgeschwindigkeit, Vermeidung von zu großem Luftüberschuß.** Jede der drei Maßregeln ist für sich wirksam.

Mit diesem Überblick über die Brennstoffe und ihr allgemeines Verhalten beim Verbrennen wollen wir uns begnügen und nun andere wichtige, mehr quantitative Verhältnisse betrachten, die für die Wärmewirtschaft von Wichtigkeit sind.

Wärmeentwicklung bei der Verbrennung.

Die Wärmemenge, die eine Gewichtseinheit der verschiedenen Brennstoffe beim Verbrennen liefert, ist sehr verschieden. Wir nennen die in Wärmeeinheiten (WE) gemessene Wärmemenge, die 1 kg bzw. bei Gasen 1 cbm bei der Verbrennung zu Kohlensäure, Wasserdampf und schwefliger Säure liefert, den Heizwert der betreffenden Brennstoffe. Zum Zwecke der Bestimmung des Heizwerts wird der Brennstoff in der kalorimetrischen Bombe bzw. im Gaskalorimeter verbrannt. Die Verbrennungsprodukte werden hierbei durch kaltes Wasser, das die Versuchseinrichtung umgibt, auf gewöhnliche Temperatur abgekühlt. Das Feuchtigkeitswasser, das der Brennstoff enthielt, und das Wasser, das durch die Verbrennung des im Brennstoff enthaltenen Wasserstoffes entstand, kurz gesagt auch das Verbrennungswasser, scheiden sich unter diesen Versuchsbedingungen in flüssiger Form ab. Das entspricht nicht den praktischen Verhältnissen. Es gibt kaum eine Feuerung oder eine Verbrennungsmaschine, bei der das Wasser der Verbrennungsprodukte in flüssiger Form aufträte. Praktisch genommen ist immer die Temperatur der Verbrennungsprodukte innerhalb des die Wärme ausnutzenden Systems, z. B. im Schornstein, so hoch (über 100 Grad), daß das Wasser sich in Dampfform befindet. Es nimmt also die Verdampfungswärme mit aus dem System heraus. Dies müssen wir berücksichtigen, wenn wir aus der im Kalorimeter erhaltenen Verbrennungswärme Q den praktischen Zwecken entsprechenden Heizwert $\mathfrak{H}$ rechnen wollen. Das im Kalorimeter bei gewöhnlicher Temperatur abgeschiedene Wasser muß auf 100^0 erhitzt und dann verdampft werden. Dazu sind, wenn 20^0 die Wassertemperatur ist, $80 + 540 = 620$ WE je kg Wasser notwendig. Man rundet den Wert 620 WE gewöhnlich auf 600 WE ab. Enthielt also der Brennstoff $w\%$ Feuchtigkeitswasser und $h\%$ Wasserstoff[1]), so errechnet sich der Heizwert $\mathfrak{H}$ aus der Verbrennungswärme Q wie folgt

$$\mathfrak{H} = Q - \frac{(w + 9\,h)}{100} \cdot 600 \ \text{WE}$$
$$= [Q - 6\,(w + 9\,h)] \ \text{WE}.$$

Die Art der Anwendung dieser Formel zeige folgendes Beispiel.

Von einem Braunkohlenbrikett sei im Kalorimeter die Verbrennungswärme Q zu 5182 WE je kg des Brennstoffes gefunden. Dieses Braunkohlenbrikett besitzt bei einem Feuchtigkeitsgehalt von 16,6% Wasser einen Wasserstoffgehalt von 4,2%. Dann sind für die Verdampfung des Feuchtigkeitswassers ($w = 16{,}6$) und des Verbrennungswassers ($h = 4{,}2$) : (16,6 + 37,8) · 6 = 326 WE notwendig. Demnach ist der Heizwert:

$$\mathfrak{H} = 5182 - 326 = 4856 \ \text{WE}.$$

Früher wurde die Verbrennungswärme und Heizwert durch die Bezeichnungen oberer Heizwert (bezogen auf flüssiges Wasser) und unterer Heizwert (bezogen auf Wasserdampf) auseinander gehalten. Das ist eine Bezeichnungsweise, die nur zu Verwirrungen führt. Es gibt in der Praxis nur einen Heizwert, und zwar bezogen auf dampfförmiges Wasser. Der bei der Verbrennung zu flüssigem Wasser erhaltene Wert ist, wie oben gezeigt, ohne jede praktische Bedeutung. Seine Feststellung geschieht nur im Laboratorium als Zwischenwert bei der Bestimmung des Heizwerts. Die im Kalorimeter erhaltene Größe nennt man Verbrennungswärme, ein Begriff, der in der Thermochemie allgemein eingeführt ist und der die irreführende Bezeichnung »oberer Heizwert« vollkommen überflüssig macht.

Der Heizwert der Brennstoffe ist natürlich stark abhängig von ihrer Zusammensetzung. Beeinträchtigt wird er durch den Gehalt an Asche und Wasser. Während die Asche den Heizwert nur durch die Verminderung der brennbaren Substanz herabsetzt, wirkt das Wasser in doppeltem Sinne.

---

[1]) 2 Wasserstoff geben 18 Wasser, also h Wasserstoff = 9 h Wasser.

Es vermindert nicht nur den Betrag der brennbaren Substanz, der in einem Brennstoff vorliegt, sondern verbraucht noch für jedes Kilogramm Wasser 600 WE, die der Verbrennungswärme entnommen werden, um es zu verdampfen. Um diese Wärmemenge wird der Heizwert vermindert. Dies ist besonders wichtig für die Beurteilung der wasserhaltigen Brennstoffe, Holz, Torf und Braunkohle. Wie stark die Wirkung des Wassers ist, sei als Beispiel an einem in trockenem Zustand recht guten Torf gezeigt.

Einfluß des Wassergehalts auf den Heizwert von Brennstoffen.
(Hochmoor-Torf aus dem Teufelsmoor.)

Wassergehalt	25,00	30,00	40,00	50,00	60,00 %
Asche	2,00	1,87	1,60	1,34	1,07 %
Brennbare Substanz	73,00	68,13	58,40	48,66	38,93 %
Verbrennungswärme	3 994	3 673	3 195	2 662	2 130 WE
Heizwert	3 625	3 295	2 780	2 215	1 650 WE

Der Teil des Brennstoffs, der die Wärme bei der Verbrennung liefert, ist die sog. brennbare Substanz, und sie erhält den Heizwert im wesentlichen durch den Gehalt an Kohlenstoff und Wasserstoff.

1 kg Kohlenstoff liefert bei der Verbrennung 8100 WE,
1 kg Wasserstoff » » » » 29000 WE.

Da das Atomgewicht des Wasserstoffes sehr niedrig ist, sind die Gewichtsprozente an Wasserstoff in den meisten Brennstoffen sehr niedrig, wie dies schon die bisher erwähnten Tabellen gezeigt haben. Der wasserstoffreichste Brennstoff ist das Sumpfgas CH_4 mit 25 % Wasserstoff. Es muß jedoch darauf aufmerksam gemacht werden, daß sich der Heizwert nicht einfach aus der Zusammensetzung berechnen läßt. Wir haben gesehen, daß die Brennstoffe sich aus komplizierten organischen Verbindungen aufbauen. Das Entstehen einer Verbindung ist aber, je nach Art der Bindungen, unter denen die Atome zusammentreten, mit verschiedenen Wärmetönungen verbunden, und zwar gibt es Verbindungen, die bei ihrer Entstehung Wärme verbrauchen und solche, die Wärme frei werden lassen. Wenn bei der Verbrennung diese Moleküle zerschlagen werden, so wird die bei Entstehung aufgenommene Wärme frei und die bei der Bildung frei gewordene Wärme wird bei der Verbrennung wieder aufgenommen. Diese Bildungswärmen sind oft bei Körpern, die dieselbe prozentuale Zusammensetzung besitzen, ganz verschieden, wie folgende nur kurze Übersicht zeigt:

	Formel	% C	% H	Bildungswärme je kg	Verbrennungswärme je kg
Sumpfgas .	CH_4	75	25	550 WE	13 340 WE
Äthan . . .	C_2H_6	80	20	900 ,,	12 410 ,,
Azetylen .	C_2H_2	92,3	7,7	−2235 ,,	12 140 ,,
Benzol . .	C_6H_6	92,3	7,7	− 145 ,,	10 050 ,,

Azetylen und Benzol haben dieselbe prozentische Zusammensetzung, dieselbe Bruttoformel, auf 1 Kohlenstoff 1 Wasserstoff, und trotzdem ist die Bildungswärme bei ihnen ganz verschieden. Azetylen verbraucht bei seiner Bildung 2000 WE, Benzol nur 160 WE je kg. Diese Wärmemengen werden bei der Verbrennung frei. Daher auch die verschiedene Verbrennungswärme trotz genau gleicher prozentischer Zusammensetzung, und zwar ist der Unterschied der Verbrennungswärmen gleich dem Unterschied der Bildungswärme (12140—10050 = 2235—145). Ähnliche Verhältnisse, allerdings bei weitem nicht so kraß, spielen auch bei den natürlichen Brennstoffen eine Rolle, und zwar um so mehr, je jünger der Brennstoff ist. Je älter der Brennstoff ist, je mehr er sich dem Anthrazit nähert, um so mehr tritt der Einfluß der Bildungswärmen der in ihm steckenden Verbindungen zurück. Das ist der Grund, warum namentlich bei jüngeren Brennstoffen der Versuch, den Heizwert aus der Zusammensetzung zu berechnen, versagt. Wir verwerfen deshalb die Berechnung des Heizwertes aus der Zusammensetzung.

Die Bestimmung des Heizwertes in der kalorimetrischen Bombe bietet für den Geübten nicht die geringsten Schwierigkeiten und liefert sehr genaue Zahlen, vorausgesetzt, daß die Entnahme der Probe einwandfrei erfolgt ist. Diese Bestimmung ist mindestens ebenso leicht durchzuführen wie die Elementaranalyse auf Kohlenstoff und Wasserstoff. Deshalb liegt auch praktisch gar kein Grund vor, die Ermittlung des Heizwertes aus der Zusammensetzung zu versuchen. Einen Überblick über die Heizwerte der verschiedenen Brennstoffe geben folgende Tabellen. Es genügt hier, zusammenfassend herauszugreifen, daß für feste Brennstoffe die folgenden ungefähren Heizwerte gelten.

Übersicht.

Holz	3200	WE je kg
Torf	3500	» » »
Braunkohle roh	1800—2600	» » »
Braunkohlenbriketts . .	4800—5200	» » »
Steinkohle	6000—7500	» » »

Für die flüssigen Brennstoffe gelten folgende Zahlen:

Roherdöl	9500—11500	WE
Dieselöl aus Erdöl . . .	10100—10150	»
Steinkohlenteer	8750— 8900	»
Steinkohlenteeröl	8850— 9150	»
Gasöl aus Braunkohle . .	10500—10800	»
Schweres Paraffinöl aus Braunkohle	9700— 9900	»

Der Heizwert der gasförmigen Brennstoffe läßt sich, da wir ja durch die Analyse genau die Menge der einzelnen Verbindungen, die das Gas zusammensetzen, bestimmen, aus der Analyse rechnen; und zwar gelten für die verschiedenen Gase folgende Heizwerte:

Heizwerte für 1 cbm brennbares Gas:	für 1% im cbm eines Heizgases:
Wasserstoff . . . . 2570 WE	25 WE
Kohlenoxyd . . . . 3030 „	30 „
Sumpfgas . . . . 8560 „	85 „
Schwere Kohlenwasserstoffe . . 13940 „ (Äthylen) [1]	139 „

Man hat also die Anzahl Prozente, die die Analyse eines Gases ergibt, nur mit $1/_{100}$ des für 1 cbm angegebenen Wertes zu multiplizieren, um den Anteil zu finden, den die einzelne Verbindung zum Gesamtheizwert des Gases beiträgt. Dieser für 1% eines cbm geltende Wert ist in der zweiten Rubrik angegeben. Enthält also ein Gas beispielsweise 25% Kohlenoxyd, so kommen auf das Kohlenoxyd 25 · 30 = 750 WE. In der gleichen Weise rechnet man den Heizwertanteil der anderen Bestandteile und addiert die so erhaltenen Werte und kommt damit zum Gesamtheizwert eines Kubikmeters des betreffenden Gases. Die nicht brennbaren Bestandteile des Gases, Stickstoff, Kohlensäure, Wasserdampf beeinflussen den Heizwert der brennbaren Gase nicht. Sie scheiden bei der Berechnung ganz aus. Wohl wirken sie auf die Ausnutzbarkeit des Gases, insofern sie die bei der Verbrennung entstehende Anfangstemperatur herabsetzen, ähnlich wie dies bei Überschuß von Verbrennungsluft eintritt (siehe darüber weiter unten).

Die Art der Berechnung des Heizwertes eines Gases aus der Zusammensetzung ist aus folgendem Beispiel (Torfgas einer Glashütte) zu ersehen:

		Zusamensetzung	Heizwertanteile
brennbar	22,8 %	Kohlenoxyd	22,8 × 30 = 684,0
	12,8 %	Wasserstoff	12,8 × 25 = 320,0
	3,5 %	Methan	3,5 × 85 = 297,5
	0,4 %	schwere Kohlenwasserstoffe	0,4 × 139 = 55,6
unverbrennbar	10,0 %	Kohlensäure	—
	0,2 %	Sauerstoff	—
	50,3 %	Stickstoff	—

Heizwert eines Kubikmeters Gas 1357,1 WE

Wir haben gesehen (S. 33), daß bei der Vergasung der Brennstoffe ähnliche Reaktionen eine Rolle spielen wie bei der vollkommenen Verbrennung. Es ist wichtig, auch die Wärmetönungen der Vergasungsreaktionen zu kennen. Die Vergasung von Kohlenstoff durch Kohlensäure führt zu Kohlen-

---

[1] Dieser Wert gilt für Generatorgas, bei leuchtgasähnlichen Gasen mit merklichem Benzolgehalt ist 17500 bezw. 175 einzusetzen.

oxyd. Diese Reaktion verbraucht Wärme, und zwar für 1 Atom (12 kg) Kohlenstoff 38800 WE. Dies wird durch folgende Gleichung dargestellt:

$$C + CO_2 = 2\,CO - 38800\ WE^1),$$

oder für 1 kg Kohlenstoff — 3234 WE.

Wie aber bringen wir die Wärme auf, um diesen Verbrauch zu decken? Unter den üblichen Bedingungen der Vergasung überwiegt in den unteren Teilen des Generators die Verbrennung, die ja Wärme liefert, und zwar auf 1 kg C bezogen:

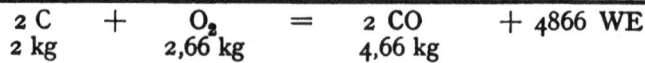

$$
\begin{array}{ccccccc}
C & + & O_2 & = & CO_2 & + & 8100\ WE \\
1\ kg & & 2{,}66\ kg & & 3{,}66\ kg & & \\
C & + & CO_2 & = & 2\ CO & & - 3234\ WE \\
1\ kg & & 3{,}66\ kg & & 4{,}66\ kg & & \\
\hline
2\ C & + & O_2 & = & 2\ CO & + & 4866\ WE \\
2\ kg & & 2{,}66\ kg & & 4{,}66\ kg & &
\end{array}
$$

oder   1 kg C + 1,33 kg O_2 = 2,33 kg CO + 2433 WE.

Wir sehen also, daß je kg Kohlenstoff 2433 WE übrig sind oder daß, wenn wir uns die Bildung von Kohlenoxyd unmittelbar aus Kohlenstoff und Sauerstoff vollzogen denken, die Verbrennung des Kohlenstoffs zu Kohlenoxyd: + 2433 WE liefert.

Bei der Betrachtung der eben genannten Zahlen finden wir auch, daß durch den Vergasungsvorgang die Verbrennung des Kohlenstoffs nur in zwei Teilvorgängen vollzogen wird. Eine Veränderung der auftretenden Wärmemengen tritt dadurch nicht ein, denn die beiden Einzelvorgänge, die Verbrennung von C zu CO und die weitere von CO zu CO_2, liefern zusammen die gleiche Wärmemenge, wie wenn wir unmittelbar C zu CO_2 verbrennen, nämlich 8100 WE je kg C:

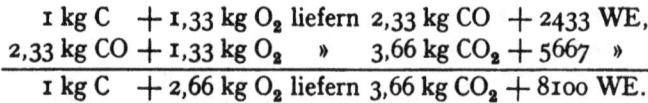

$$
\begin{array}{l}
1\ kg\ C\ +1{,}33\ kg\ O_2\ liefern\ 2{,}33\ kg\ CO\ +2433\ WE, \\
2{,}33\ kg\ CO +1{,}33\ kg\ O_2\ \ \text{»}\ \ \ 3{,}66\ kg\ CO_2 + 5667\ \text{»} \\
\hline
1\ kg\ C\ \ +2{,}66\ kg\ O_2\ liefern\ 3{,}66\ kg\ CO_2 + 8100\ WE.
\end{array}
$$

Auch die Vergasung des Kohlenstoffs im Wasserdampf verbraucht, wie die Vergasung mit Kohlensäure, Wärme, und zwar auf 1 kg Kohlenstoff bezogen:

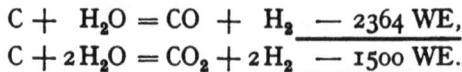

$$
\begin{array}{l}
C + H_2O = CO + H_2 - 2364\ WE, \\
C + 2\,H_2O = CO_2 + 2\,H_2 - 1500\ WE.
\end{array}
$$

Auch hier liefert die Verbrennung der bei der Vergasung erhaltenen Gase die aufgewandte Wärme zurück. Doch würde es zu weit führen, auch hierfür die Zahlen zu geben. Sie können leicht selbst gefunden werden. Es

---

[1]) Das Minuszeichen in der Gleichung bringt zum Ausdruck, daß Wärme in dem Prozeß aufgenommen, verbraucht wird.

ist nur in Erinnerung zu bringen, daß der Wärmeverbrauch der Vergasungsreaktionen die Temperatur im Gaserzeuger herabsetzt, diesen kühlt. Dies tritt beim Wasserdampf besonders stark hervor, weil er mit mäßiger Temperatur unter dem Rost eintritt und erst auf die Temperatur der Brennstoffschicht gebracht werden muß.

Die Grundlagen der Feuerungskontrolle.

Für die Praxis ist die allerwichtigste Frage, wie nun der in den Brennstoffen steckende Heizwert möglichst vollständig ausgenutzt werden kann. Um dies Ziel zu erreichen, ist es notwendig, eine möglichst vollständige Verbrennung zu erzielen, und diese setzt voraus, daß genügend Luft vorhanden ist. Aber auf der anderen Seite ist ein Überschuß von Luft von Nachteil, weil dadurch Wärme zur Miterwärmung der überschüssigen Luft unnötig verbraucht wird. Wir verdünnen gewissermaßen die Verbrennungsgase und schwächen so ihre Wirkung, gleich wie die Stärke eines Weines abgeschwächt wird, dadurch, daß wir Wasser in ihn gießen. Eine Festlegung der notwendigen Luftmenge ist deshalb sehr wichtig. Die Betrachtungen, die wir früher über die chemischen Reaktionen, die der Verbrennung zugrunde liegen, angestellt haben, lassen uns den theoretischen Luftbedarf, der für die Verbrennung eines Brennstoffes notwendig ist, in einfacher Weise berechnen.

Wir haben gesehen, daß Kohlenstoff nach folgender Gleichung verbrennt:

$$C + O_2 = CO_2.$$

Um 12 kg Kohlenstoff zu verbrennen, brauchen wir 1 kg-Molekül, d.s. 22,4 cbm Sauerstoff (Siehe S. 7.). Da die Luft 21% Sauerstoff enthält, so brauchen wir also zur Verbrennung von 12 kg Kohlenstoff $22,4 \cdot \frac{100}{21}$ Luft = 107 cbm; also für 1 kg ein Zwölftel: $\frac{107}{12} = 9$ cbm Luft, gemessen bei 0° und 760 mm Druck. Da bei der Verbrennung von Kohlenstoff 1 Volumen Sauerstoff durch 1 Volumen Kohlensäure ersetzt wird, enthält eine Luft, die durch Verbrennung von Kohlenstoff vollkommen verbraucht ist, 21% Kohlensäure bei der vollkommenen Verbrennung von Kohlenstoff. Ohne Luftüberschuß erhalten wir also ein Rauchgas, das 21% Kohlensäure enthält.

Unsere Brennstoffe sind aber, wie wir gesehen haben, niemals reiner Kohlenstoff, sie enthalten noch andere Bestandteile, insbesondere Wasserstoff und Sauerstoff. Diese sind natürlich von Einfluß auf die Zusammensetzung der Rauchgase. Wenn die großen Moleküle der Brennstoffe unter dem Einfluß der Flammentemperatur zerschlagen werden, so dient der Sauerstoff, der im Brennstoff enthalten ist, mit zur Verbrennung von Kohlenstoff und Wasserstoff. Dadurch wird der Luftbedarf entsprechend herabgesetzt. Um die Rechnung einfach zu gestalten, wird die Annahme gemacht, daß der Sauerstoff des Brennstoffs nur mit Wasserstoff des Brennstoffs in

Verbindung tritt. Es ist, wie gesagt, nur eine vereinfachende Annahme, die nicht ganz zutreffend, aber für die Rechnung brauchbar ist, da in der Praxis doch Sauerstoffüberschuß vorhanden ist. Ganz falsch ist aber die sogar häufig in Büchern ausgesprochene Annahme, als ob im Brennstoff schon der Wasserstoff mit Sauerstoff zu Wasser verbunden wäre. Sofern diese Verbindung überhaupt auftritt, geschieht sie erst unter der Wirkung der Hitze, z. B. im Feuerherd oder Gaserzeuger. Eine gewisse Bedeutung hat aber doch eine Rechnung mit der Annahme, daß der Sauerstoff des Brennstoffs vorwiegend mit dem Wasserstoff sich verbände. Es wird dadurch ein gewisser Einblick in die Natur des Brennstoffs gewährt. Berechnet man die Menge des Wasserstoffs, die zur Verbindung mit dem im Brennstoff vorliegenden Sauerstoff zu Wasser notwendig ist, und zieht sie vom gesamten Wasserstoff ab, so erhalten wir den Teil des Wasserstoffgehalts, der zu seiner Verbrennung den Sauerstoff aus der Luft holen muß. Dieser Wasserstoff ist also für die eigentliche Verbrennung mit Luft verfügbar, disponibel. Wir nennen ihn deshalb den verfügbaren oder »disponiblen Wasserstoff«. Die häufig benutzte Bezeichnung »freier Wasserstoff« ist unrichtig, er ist gebunden in den chemischen Baustoffen der Kohle, ebensogut wie der übrige.

Für die Berechnung des Luftbedarfes kommt nur dieser disponible Wasserstoff in Frage. Er berechnet sich also aus dem Prozentgehalt H und dem Prozentgehalt O in folgender Weise:

$$\% \, H - \frac{O \, \%}{8}$$

Für eine Kohle, die 85,5 Kohlenstoff, 5,34 Wasserstoff, 8,18 Sauerstoff enthält, ergibt sich also der Wasserstoff, der mit dem Sauerstoff der Kohle zu Wasser zusammentreten kann $= \frac{8,18}{8} = 1,02$ Wasserstoff. Der disponible Wasserstoff ist also 5,34 — 1,02 = 4,1 l Wasserstoff.

In den früher in diesem Vortrag gegebenen Tabellen findet man mehrfach den disponiblen Wasserstoff angegeben. Man sieht dort, daß er mit dem Altern der Brennstoffe zunächst zunimmt und später wieder abnimmt.

Für die Berechnung des Luftbedarfs und der Zusammensetzung des theoretischen Rauchgases eines gegebenen Brennstoffs kommt neben dem Kohlenstoff nur der disponible Wasserstoff in Frage, da ja der übrige seinen Sauerstoffbedarf im Molekül selbst deckt. Für die Berechnung ist nun zu berücksichtigen:

12 C brauchen 32 Sauerstoff, also 1 C braucht $\frac{32}{12}$ O

2 H brauchen 16 Sauerstoff, also 1 H braucht 8 O.

Wenn nun ein gegebenes Volumen Sauerstoff zur Verbrennung zur Verfügung steht, wird es teils vom Kohlenstoff, teils vom disponiblen Wasserstoff verbraucht. Sind in dem Brennstoff c % Kohlenstoff und h_d% disponibler Wasserstoff, so werden also $\frac{32}{12} = \frac{8}{3}$ c Sauerstoff für die Verbrennung des Kohlenstoffs, $8 \cdot h_d$ Sauerstoff für die Verbrennung des disponiblen Wasserstoffs, zusammen also $\frac{8}{3}$ $c + 8 h_d$ notwendig sein. Der Anteil des Sauerstoffs, der vom Gesamtsauerstoffverbrauch für die Verbrennung des Kohlenstoffs dient, ist:

$$\frac{\frac{8}{3} c}{\frac{8}{3} c + 8 h_d} = \frac{c}{c + 3 h_d}.$$

Da in der Luft 21 Teile Sauerstoff zur Verfügung stehen, werden also

$$\frac{c}{c + 3 h_d} \cdot 21 \text{ Sauerstoff}$$

vom Kohlenstoff verbraucht. Da ein Raumteil Sauerstoff einen Raumteil Kohlensäure liefert, erhalten wir also

$$\frac{c}{c + 3 h_d} \cdot 21 \text{ Kohlensäure,}$$

der übrige Sauerstoff wird mit dem disponiblen Wasserstoff zu Wasser verbrannt. Dieses wird in der Rauchgasanalyse nicht gefunden, da es sich flüssig abscheidet. Zu 21 Teilen Sauerstoff, aus denen die $\frac{c}{c + 3 h_d} \cdot 21$ CO_2 entstanden sind, gehören 79 Teile Stickstoff. Diese bleiben unverändert und treten zur entstandenen Kohlensäure. Das theoretische Rauchgas enthält also:

$$\frac{21 \cdot \frac{c}{c + 3 h_d}}{21 \cdot \frac{c}{c + 3 h_d} + 79} \cdot 100 = \frac{21 \, c \cdot 100}{21 \, c + 79 \, (c + 3 h_d)} =$$

$$= \frac{2100 \cdot c}{100 \, c + 237 \, h_d} = \frac{21 \, d}{c + 2{,}37 \, h_d} \text{ }\% \text{ } CO_2.$$

Diese allgemeine Formel gestattet aus der Zusammensetzung des Brennstoffs den Kohlensäuregehalt des Rauchgases bei vollkommener Verbrennung in der theoretischen, gerade ausreichenden Luftmenge zu errechnen. Ein Beispiel wird die Ableitung der Formel klarer machen. Wir gehen wieder aus von der Steinkohle mit:

$$84{,}5 \% \text{ C,} \qquad 5{,}43 \% \text{ H,} \qquad 8{,}18 \% \text{ O,}$$

was, wie wir sahen, einem Gehalt an disponiblen Wasserstoff $h_d = 4{,}41\%$ entspricht.

Bei der Verbrennung dieser Kohle werden von den 21 Teilen Luftsauerstoff für Kohlensäurebildung verbraucht:

$$21 \cdot \frac{84,5}{84,5 + 3 \times 4,41} = \frac{84,5}{97,73} \cdot 21 = 18,2 \text{ Teile.}$$

Eine gleiche Menge Kohlensäure entsteht dabei. Das Rauchgas enthält also:

$$\frac{18,2}{18,2 + 79} \cdot 100 = \frac{18,2}{97,2} \cdot 100 = \underline{18,7\,\%\,CO_2.}$$

In derselben Weise kann für jeden Brennstoff der maximale Kohlensäuregehalt des bei idealer Verbrennung entstehenden Rauchgases berechnet werden.

Je niedriger der Gehalt an disponiblem Wasserstoff ist, um so mehr nähert sich der maximale Kohlensäuregehalt des Rauchgases dem Wert für die Verbrennung von reinem Kohlenstoff, also 21 %. In folgender Tabelle ist das Ergebnis der Rechnung für einige Beispiele mitgeteilt. Sie stellen nicht Mittelwerte für die betreffende Brennstoffart dar, sondern sind für einen ganz bestimmten Brennstoff berechnet, können infolgedessen nicht ohne weiteres auf andere Fälle übertragen werden.

Beispiele für maximalen CO_2-Gehalt in Rauchgasen

Brennstoffart	Zusammensetzung der brennbaren Substanz			Disponibler Wasserstoff	Maximaler CO_2-Gehalt im Rauchgas in %
	% C	% H	% O		
Steinkohle (Ruhr) . .	84,50	5,43	8,18	4,47	18,70
Braunkohle (Lausitz) .	66,90	5,40	27,70	1,94	19,65
Torf (älterer Moostorf)	58,23	5,40	36,37	0,85	20,30
Holz (Fichte)	50,45	6,00	43,55	0,55	20,50

Die hier vorausgesetzte ideale Verbrennung, die gerade mit dem theoretischen Luftbedarf durchgeführte vollkommene Verbrennung ist natürlich in der Praxis nicht möglich. Man ist auch bei der besten Feuerung nicht in der Lage, den Brennstoff mit dem gerade notwendigen Mindestbedarf an Luft zu verbrennen. Dies liegt daran, daß man keine so innige Mischung des Brennstoffs mit der Luft herbeiführen kann, daß jedes Brennstoffteilchen den ihm zukommenden Sauerstoff innerhalb der Feuerung findet und daß der Luftbedarf sich entsprechend dem Entgasen der frischen Beschickung ändert. Wir müssen deshalb immer mit einem gewissen Luftüberschuß arbeiten. Die technischen Rauchgase werden deshalb nie den maximalen Kohlensäuregehalt aufweisen, der soeben für verschiedene Brennstoffe mitgeteilt ist. Der Luftüberschuß soll natürlich nicht zu groß gewählt werden. Die Rauchgasanalyse gibt uns nun ein Urteil, wie groß dieser Luftüberschuß ist. Wir können uns vorstellen, daß im praktisch erhaltenen Rauchgas einerseits das Rauchgas enthalten ist, das durch die ideale Verbrennung mit der Mindestluftmenge entstanden wäre und anderseits die überschüssige

Luft. Diese letztere ist ganz unverändert durch das Ofensystem gegangen. In beiden Rauchgasanteilen ist der Stickstoff der Luft unverändert. Da der Stickstoff zu 79/100 in jeder Luft vorhanden ist, bietet er uns einen Maßstab, die in der Feuerung angewandte Luftmenge La mit der notwendigen Luftmenge Ln zu vergleichen. Die angewandte Luftmenge ist proportional dem gesamten Stickstoffgehalt des gesamten Rauchgases. Wir finden ihn als sog. Gasrest in der Gasanalyse, wenn die verschiedenen Bestandteile bestimmt sind. Finden wir also 10% Kohlensäure und 9,7% Sauerstoff, 0% Kohlenoxyd, so ist der Gesamtstickstoffgehalt des Gases 100 — 19,7 = 80,3% Stickstoff. Der Sauerstoffgehalt stammt ganz aus der überschüssigen Luft. Nun wissen wir, daß zu 21 Teilen Sauerstoff 79 Teile Stickstoff gehören. Der Stickstoffgehalt des Luftüberschusses ist also

$$9,7 \cdot \frac{79}{21} = 36,5 \text{ Teile Stickstoff.}$$

Die wirklich notwendige Luftmenge entspricht also der Stickstoffdifferenz von 80,3 — 36,5 = 43,8. Das Überschußverhältnis U, das Verhältnis der angewandten Luftmenge zur notwendigen Luftmenge

$$U = \frac{L_a}{L_n} \text{. ist also } \frac{80,3}{43,8} = \underline{1,83}.$$

Die allgemeine Formel für den Luftüberschuß läßt sich entsprechend dem vorstehenden Beispiel ohne weiteres ableiten. Ist n der durch die Gasanalyse ermittelte Stickstoffgehalt des Rauchgases und o der Sauerstoffgehalt, so ist das Luftüberschußverhältnis:

$$U = \frac{L_a}{L_n} = \frac{n}{n - \frac{79}{21} \cdot o}.$$

Liegt also eine vollständige Analyse des Rauchgases vor, so läßt sich der in der Feuerung vorhandene Luftüberschuß mit dieser Formel in einfacher Weise ermitteln. Der in der Praxis angewandte Luftüberschuß schwankt im allgemeinen zwischen 1,5 und 2,5. Sinkt der Luftüberschuß wesentlich unter 1,5, so liegt die Gefahr für eine unvollständige Verbrennung vor, die natürlich leicht zu großen Verlusten führt. Es ist ein Vorzug der flüssigen und gasförmigen Brennstoffe, sie innig mit der Verbrennungsluft mischen und die Brennstoffzufuhr für einen gleichmäßigen Luftbedarf der Feuerung einstellen zu können. Man kann infolgedessen bei geeigneten Brennerkonstruktionen bei flüssigen und namentlich gasförmigen Brennstoffen noch etwas unter den Wert von 1,5 kommen und trotzdem vollkommene Verbrennung erzielen.

Der unter sonst gleichen Verhältnissen sich einstellende Luftüberschuß ist natürlich auch abhängig von der Art des Brennstoffs. Der Sauerstoffgehalt, der in dem Rauchgas bei vollkommener Verbrennung gefunden wird, ist bei einem gleichen Kohlensäuregehalt für verschiedene Brennstoffe verschieden, wie das schon im Werte für den maximalen Kohlensäuregehalt zutage tritt. Über diese Beziehungen kann man sich, wie Bunte schon vor vielen Jahren gezeigt hat, in sehr einfacher Weise auf zeichnerischem Wege unterrichten. Wir gehen aus von dem theoretischen Rauchgas, das reiner Kohlenstoff bei idealer Verbrennung liefert. Dieses enthält, wie wir sahen, 21 % Kohlensäure und keinen Sauerstoff. Den Gegensatz, also ein Rauchgas, bei dem der Luft-

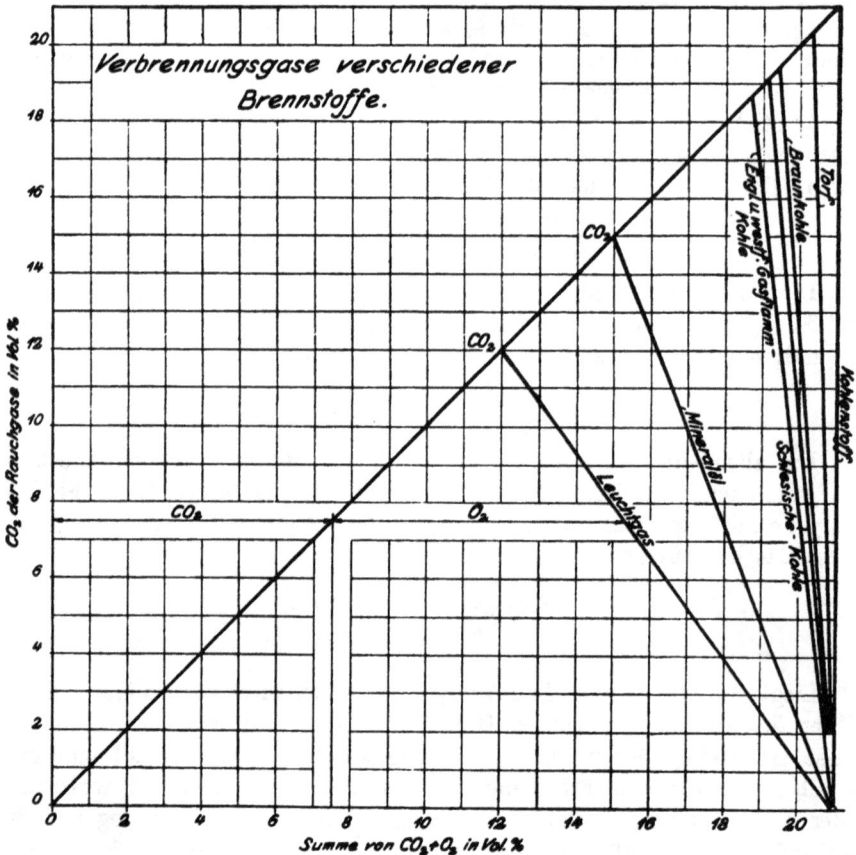

Abb. 13.

überschuß ins Unendliche getrieben ist, stellt die reine Luft dar, die keine Kohlensäure und 21 % Sauerstoff besitzt. Alle in der Praxis überhaupt bei der vollkommenen Verbrennung von reinem Kohlenstoff möglichen Rauchgase stellen Gemische der genannten beiden Extreme dar und liegen mit ihrer Zusammensetzung zwischen den genannten Zusammensetzungen, also immer so, daß die Summe von Sauerstoff und Kohlensäuregehalt = 21 ist. Tragen wir diese Zusammensetzung in ein Koordinatensystem ein (s. Abb. 13[1])), und zwar

---

[1]) Entnommen aus De Grahl, Wirtschaftl. Verwertung der Brennstoffe, S. 225. Die erste Darstellung stammt jedoch von Bunte.

so, daß wir den Kohlensäuregehalt als Ordinate (senkrecht), die Summe von Kohlensäure und Sauerstoff als Abszisse (wagrecht) auftragen, so liegt der Wert für die reine Luft unten links im Nullpunkt, der Wert für das ideale Rauchgas oben rechts in der Ecke beim Punkt 21. Die Kohlensäuregehalte aller Rauchgase mit Luftüberschuß liegen auf der Diagonalen, die die beiden Punkte verbindet. Diese Diagonale stellt gleichzeitig die Grenzen dar, die Kohlensäuregehalt und Sauerstoff trennt. Links von der Diagonalen bis zur Senkrechten über dem o-Punkt liegt der Kohlensäuregehalt, rechts bis zur Senkrechten über Punkt 21 der Sauerstoffgehalt.

Mit Hilfe dieses zeichnerischen Verfahrens können wir auch die Zusammensetzung sämtlicher Rauchgase, die bei der vollständigen Verbrennung eines gegebenen Brennstoffs möglich sind, erhalten. Die Voraussetzung ist, daß wir dessen Zusammensetzung kennen, dann können wir nach S. 49 den maximalen Kohlensäuregehalt des theoretischen Rauchgases ermitteln. Tragen wir diesen Gehalt, also z. B. den für eine Steinkohle früher ermittelten Wert von 18,7% Kohlensäure wieder in das genannte System ein, so liegt dieser Punkt auf der Diagonalen, die die beiden Ecken des gezeichneten Rechtecks verbindet. Bei diesem Rauchgas ist kein Sauerstoff vorhanden. Für die durch Verbrennung mit überschüssiger Luft entstehenden Rauchgase muß der Wert für die Summe von Kohlensäure und Sauerstoff auf der Verbindungslinie zwischen dem Punkt 18,7 der Diagonalen und dem Punkt für den Sauerstoffgehalt der reinen Luft, der unteren rechten Ecke des Rechtecks liegen. Damit kann aus dieser Figur jeder Sauerstoffgehalt abgelesen werden, der zu einem in der Gasanalyse bestimmten Kohlensäuregehalt gehört. Hat ein Rauchgas, das bei der Verbrennung der genannten Kohle entstanden ist, $8\frac{1}{2}$% Kohlensäure, so ziehen wir die Parallele zur Grundlinie im Abstand von $8\frac{1}{2}$, damit wird der Sauerstoffgehalt angegeben durch den Abstand zwischen dem Schnittpunkt mit der Diagonalen des Rechtecks und dem Schnittpunkt mit der Verbindungslinie von 18,7 nach 21 der Grundlinie. Der Sauerstoffgehalt ist also 19,8 — 8,5 = 11,3% Sauerstoff.

Die Beachtung des Sauerstoffgehaltes in den Rauchgasen ist durchaus nicht nebensächlich, sondern im Gegenteil von der größten praktischen Bedeutung, nicht nur weil damit die Höhe des Luftüberschusses zum Ausdruck kommt, sondern weil in ihm gleichzeitig ein Urteil über die Güte der Verbrennung gewonnen wird. Mit der Feststellung des Kohlensäuregehaltes ist der Einblick in die Feuerführung nicht vollständig. Gerade ein hoher Kohlensäuregehalt kann verbunden sein mit unvollkommener Verbrennung, die sowohl durch Rußabscheidung wie durch das Auftreten von Kohlenoxyd, Wasserstoff, Methan und schweren Kohlenwasserstoffen zum Ausdruck kommt. Es ist bemerkenswert, daß die Erscheinung des Rußens nicht allein für sich auftritt, sondern stets mit dem Auftreten unverbrannter Gase (Kohlenoxyd, Wasserstoff, Methan) verbunden ist. Darum läßt sich der CO-Gehalt aus CO_2- und O_2-Gehalt nicht berechnen. Die Bestimmung des

Kohlenoxyds führt oft nicht vollkommen zum Ziel, da namentlich kleinere Mengen leicht der Bestimmung entgehen. Noch leichter werden kleine Mengen von Wasserstoff und Methan übersehen. Die unvollkommene Verbrennung macht sich aber bemerkbar an der Summe von Kohlensäure und Sauerstoff. Unvollkommene Verbrennung drückt unter sonst gleichen Bedingungen diese Summe herab. Die Beobachtung wird dadurch erleichtert, daß bei einer nicht allzu schlecht geführten Feuerung die unvollkommene Verbrennung nur periodisch auftritt, und zwar oft trotz ausreichendem Luftüberschuß in der ersten Zeit nach der Beschickung bzw. nach dem Abschlacken und Neubeschicken der Gaserzeuger. Unter diesen Umständen tritt vorübergehend ein stärkerer Luftbedarf und schlechte Mischung zwischen Flamme und Luft auf, wodurch unter den in der Feuerung gegebenen Zugverhältnissen ohne Eingriff des Heizers unvollkommene Verbrennung verursacht wird, die sich bei stärkerem Auftreten durch Ruß am Schornsteinende anzeigt. Die unvollkommene Verbrennung, die dann eintritt, zeigt sich an der Veränderung der Summe von Kohlensäure und Sauerstoff, sofern sie nicht durch den Kohlenoxydgehalt des Rauchgases gefunden wird. Mit einiger Übung läßt sich an der Hand der Zeichnung die Summe von $CO_2 + O_2$ kontrollieren. Wertvoller ist aber die Bestimmung des Unverbrannten. Die CO-, H_2- und CH_4-Bestimmung in den gewöhnlichen Orsat-Apparaten ist allerdings, wie gesagt, sehr unscharf. Es empfiehlt sich in diesen Fällen die Verbrennung des ganzen Gasrests, der nach der CO_2- und O_2-Bestimmung bleibt, über Kupferoxyd, die sich z. B. im Orsat-Apparat von Pintsch sehr leicht durchführen läßt. Es ist sehr bemerkenswert, daß neuerdings automatische Rauchgasprüfer (Mono-Duplex) auf den Markt gebracht werden, die nicht nur den Kohlensäuregehalt sondern auch den Gehalt an Unverbranntem feststellen und so die selbsttätige Feuerungskontrolle in einer in der Ausführung einfachen und im Ergebnis klaren Weise durchführen lassen.

Es bedarf keines besonderen Hinweises, daß das Auftreten unvollkommener Verbrennung einen Verlust an Brennstoff darstellt und daß es Aufgabe des Heizers ist, durch Regelung des Feuers diesen zu verhindern. Ihn dazu anzuleiten, ist Sache einer sachverständigen Überwachung, die sich auf die eben geschilderte Kontrolle des Verbrennungsvorgangs stützt.

Die auf den letzten Seiten dargelegten Gesetzmäßigkeiten sind durchweg an festen Brennstoffen erläutert. Sie treffen aber ohne weiteres auf die Gasheizung zu. Aus den auf Seite 46 mitgeteilten Gleichungen ergibt sich, daß sowohl für die Stoffmengen, wie für die Wärmemengen die Vergasung nur ein Zwischenstadium ist. Das Endergebnis ist das gleiche, einerlei ob ein fester Brennstoff unmittelbar verbrannt wurde, oder ob er zunächst vergast und dann als Gas verbrannt wurde. Deshalb geschieht die Beurteilung der Generatorgasheizung nach der Zusammensetzung der Rauchgase genau so, als ob der feste Brennstoff unmittelbar verbrannt wäre.

Inwieweit die angegebenen Regeln durch Gase beeinflußt werden, die aus dem im Ofen erhitzten Gute sich entwickeln (Kalkofen, Siemens-Martin-Ofen, Glasschmelzofen), muß von Fall zu Fall beurteilt werden. Beim Glasschmelzofen wechselt die Menge der entwickelten Gase stark im Verlauf des Prozesses, beim Wannenofen weniger, wie beim Hafenofen. Im Durchschnitt werden kaum 2% der Rauchgase vom Gemenge entwickelt. Die Seite 51 gegebene Regel für den Luftüberschuß wird dadurch wenig in ihrer Genauigkeit beeinträchtigt. Das Gemenge liefert CO_2 aus Kalk, Soda und der zum Sulfat gegebenen Kohle (nicht CO!), SO_2 aus Sulfat. CO_2 und SO_2 werden in der Gasanalyse zusammen bestimmt. Man findet deshalb mehr CO_2, als durch die Verbrennung bedingt ist; die Regel, etwa Unverbranntes aus der Summe von $CO_2 + O_2$ zu erkennen (Seite 53), wird dadurch in diesem Falle unzuverlässig. Es bleibt aber die wichtige Tatsache, daß das Gemenge nichts liefert, was mit Unverbranntem in der Gasanalyse verwechselt werden könnte. Wird Unverbranntes gefunden, so stammt es ohne Zweifel von mangelhafter Feuerführung. Auch hier ist also die empfohlene Bestimmung des Unverbrannten (CO, H, CH_4) unbedingt zuverlässig.

Die allgemeine Bedeutung eines hohen Kohlensäuregehaltes in den Rauchgasen erkennen wir, wenn wir uns über die im Ofensystem entwickelte Wärme ein Bild zu machen suchen. Wir wollen dabei wieder von der Verbrennung des reinen Kohlenstoffs ausgehen. Wir wissen (s. S. 8), daß zu der Bildung von 1 cbm Kohlensäure (bei 0^0 und 760 mm Hg) 0,536 kg Kohlenstoff notwendig sind. Diese 0,536 kg Kohlenstoff liefern uns bei der Verbrennung $0,536 \cdot 8100 = 4343$ WE. Enthält der cbm Rauchgas nicht, wie oben angenommen, 100% Kohlensäure, sondern weniger, so ist die bei $k\%$ Kohlensäure entstehende Wärmemenge $k/100 \cdot 4343$, also für ein Gas mit 10% Kohlensäure 434,3 WE. Diese Wärmemenge verteilt sich auf den cbm Rauchgas, dem die Kohlensäure einverleibt ist. Wir erkennen ohne weiteres, daß die auftretenden Wärmemengen unmittelbar parallel gehen dem Prozentgehalt an Kohlensäure. Durch die Aufnahme dieser Wärmemenge wird wieder entsprechend dem Kohlensäuregehalt das Rauchgas auf eine bestimmte Temperatur erhitzt. Ist W die Wärmemenge, die bei der Verbrennung je cbm aufgetreten ist und c_p die Wärmekapazität des Rauchgases, d. h. die Wärmemenge, die notwendig ist, um 1 cbm des Gases um 1^0 zu erwärmen, so ist die Temperatur, die sich bei der Verbrennung einstellt $\dfrac{W}{c_p}$. Die Wärmekapazität für Kohlensäure und für Luft ist etwas verschieden. Infolgedessen verändert sich die Wärmekapazität des Rauchgases mit dem CO_2-Gehalt. Für ein Rauchgas wie oben angenommen, mit 10% Kohlensäure, ist die Wärmekapazität 0,319. Die Anfangstemperatur, die sich bei der Entstehung eines 10 proz. Rauchgases durch Kohlenstoffverbrennung ergeben würde, berechnet sich also wie folgt:

$$\frac{434,3}{0,319} = 1360 \text{ Grad.}$$

In ähnlicher Weise lassen sich die Anfangstemperaturen für andere Kohlensäuregehalte für Kohlenstoff und andere Brennstoffe berechnen. Die Ergebnisse für Kohlenstoff und Steinkohle sind in folgender Tabelle zusammengestellt.

Diese Anfangstemperatur wird im Ofen tatsächlich nicht erhalten, da schon während der Verbrennung Abstrahlung und Ableitung aus dem verbrennenden Brennstoff stattfindet. In den meisten Fällen kommt aber diese Wärme dem Ofensystem selbst zugute und so gibt uns die errechnete Anfangstemperatur T ein gutes Bild für die Wärmemenge, die durch die Verbrennung erzeugt ist. Nennen wir nun die Temperatur, mit der die Rauchgase das Ofensystem verlassen, t, so ist der Differenzbetrag $T - t$ an das Ofensystem übertragen und der Ausdruck

$$\frac{T-t}{T}$$

ergibt uns den Bruchteil der gesamten bei der Verbrennung aufgetretenen Wärme, der an das Ofensystem übergegangen ist. Dieser Bruchteil der erzeugten Wärme enthält natürlich auch die Verluste, die im Ofensystem selbst auftreten, insbesondere die Verluste durch Strahlung und Leitung. Wir nennen diesen Bruchteil den Brutto-Nutzeffekt. Wir erkennen, daß er um so größer sein wird, je höher die Anfangstemperatur ist, und diese wird um so höher sein, je höher der Kohlensäuregehalt ist.

Die Anfangstemperatur wird natürlich gesteigert, wenn die Verbrennungsluft bzw. der Brennstoff selbst (das Brenngas der Gasfeuerungen) vorgewärmt ist. Es tritt dann zu der Wärmemenge, die die Verbrennung liefert, die Wärme, die im Heizgas und der Verbrennungsluft schon mitgebracht wird. Für den einfachen Fall der Kohlenstoffverbrennung erhalten wir dann bei einer Vorwärmung der Verbrennungsluft auf 600°

$$\frac{434,3 + 0,3 \cdot 600}{0,323} = 1900 \text{ Grad.}$$

Statt der 1360° Anfangstemperatur, die wir bei kalter Luft erhalten, bekommen wir nun 1900°, also 540° mehr, d. h. fast ebenso viel mehr, wie die Temperatur der zugeführten Luft betrug. In ganz ähnlicher Weise trifft das für jede Vorwärmung von Luft und Brennstoff zu. Wenn wir im angeführten Fall und auch sonst nicht genau dieselbe Temperaturerhöhung erhalten, wie wir sie für die Vorwärmung angewandt haben, so liegt das daran, daß ein Volumenunterschied zwischen Gas und Luft einerseits und den Flammengasen anderseits auftritt und daß die Wärmekapazität der Gase, besonders der Kohlensäure und des Wasserdampfes, mit steigender Temperatur eine Zunahme aufweist, wie dies aus der Tabelle für die Rauchgase ersichtlich ist. Im Ganzen genommen zeigt aber die angestellte Überlegung, welchen großen Einfluß die »Regeneratoren« und »Rekuperatoren« auf die Flammentemperatur in unseren Industrieöfen ausüben.

An dieser Stelle ist auch noch darauf hinzuweisen, daß durch die Anwesenheit von Wasserdampf in den Flammengasen die Anfangstemperatur stark herabgesetzt wird, da die Wärmekapazität des Wasserdampfes sehr hoch, in diesem Temperaturgebiet fast ebenso hoch wie die der Kohlensäure ist. Übermäßiger Wassergehalt in den Brennstoffen setzt die Flammentemperatur übermäßig herunter und beeinträchtigt dadurch den Nutzeffekt. Darum müssen stark wasserhaltige Generatorgase zwecks Ausscheidung des Wassers gekühlt und dann wieder erwärmt werden.

Wir sahen oben, daß der von der gesamten in der Feuerung erzeugten Wärme an das System abgegebene Anteil gegeben ist, einerseits durch die Anfangstemperatur, anderseits durch die Temperatur, mit der die Rauchgase das System verlassen, der Abgangstemperatur. Es empfiehlt sich, eine Vorstellung zu erhalten von der Größe der Verluste, die durch den Wärmeinhalt der Rauchgase entstehen. Dazu ist notwendig, das Volumen und die Wärmekapazität der Rauchgasbestandteile zu kennen. Das Volumen der Rauchgasbestandteile können wir aus der Zusammensetzung des Brennstoffs ermitteln, dies möge besitzen $c\%$ Kohlenstoff, $h\%$ Wasserstoff und $w\%$ Feuchtigkeitswasser. Wir wissen, daß 1 cbm Kohlensäure aus 0,536 kg Kohlenstoff entsteht. 1 kg des genannten Brennstoffs gibt also $\dfrac{c}{100 \cdot 0,536}$ cbm Kohlensäure.

Enthält ein Rauchgas $k\%$ Kohlensäure, so erhalten wir aus 1 kg Brennstoff:

$$\frac{c}{0,536 \cdot k} \text{ cbm Rauchgasanteil für den Kohlenstoff.}$$

Die h Wasserstoff und w Feuchtigkeitswasser geben je kg Brennstoff:

$$\frac{9\,h + w}{100} \text{ kg Wasserdampf.}$$

Da 1 cbm Wasserdampf bei 0 und 760 mm 0,804 kg wiegt, so entspricht das gesamte Gewicht Wasserdampf einem Volumen

$$\frac{9\,h + w}{100 \cdot 0,804} \text{ cbm.}$$

Das Gesamtvolumen des Rauchgases für 1 kg Brennstoff ist

$$V = \frac{c}{0,536 \cdot k} + \frac{9\,h + w}{100 \cdot 0,804} \text{ cbm.}$$

Die Wärmekapazität der wasserfreien Rauchgase kann zu 0,32 je cbm angenommen werden, der des Wasserdampfes zu 0,39. Demnach wird mit jedem Grad Temperaturerhöhung für das aus 1 kg Brennstoff erzeugte Rauchgas folgende Wärmeeinheiten aus dem Ofensystem abgeführt werden:

$$\frac{c}{0,536 \cdot k} \cdot 0,32 + \frac{9\,h + w}{100 \cdot 0,804} \cdot 0,39 \text{ WE.}$$

Ist nun t die Abgangstemperatur und t_1 die Temperatur der Außenluft, so geht das Temperaturgefälle $t - t_1$ verloren und der Gesamtverlust durch Abgase ist

$$\left[\frac{c}{0,536 \cdot k} \cdot 0,32 + \frac{9h + w}{100 \cdot 0,804} \cdot 0,39\right] \cdot (t - t_1) \text{ WE.}$$

In dieser Formel sieht man, daß der Abgangsverlust um so größer ist, je höher die Abgangstemperatur t ist. Ferner erkennt man, daß der Feuchtigkeitsgehalt w im Hinblick auf die hohe Wärmekapazität des Wasserdampfes eine beträchtliche Rolle spielt. Die Herabsetzung der Abgangstemperatur liegt nicht immer in der Hand der Technik. Sie ist eigentlich gegeben durch die Temperatur, bei der das Ofensystem betrieben werden muß. Dort, wo, wie im Glasschmelzofen oder im Siemens-Martin-Ofen, die schwer schmelzbaren Stoffe in glühendem Fluß erhalten werden müssen, können die Verbrennungsprodukte im arbeitenden Ofen nicht unter die dadurch gegebene Betriebstemperatur abgekühlt werden. Sie verlassen also den Arbeitsteil des Ofens mit dieser Temperatur und die darin steckende Wärme ginge verloren, wenn es uns nicht mit der Einführung der Gasfeuerung gelungen wäre, durch die Regeneration und die Rekuperation Luft und Gas oder doch wenigstens die Luft mit dieser Abhitze vorzuwärmen und dadurch einen gewissen Teil der Abwärme dem Ofensystem wieder zuzuführen (s. a. S. 56).

Das Ziel der Wärmewirtschaft.

Im Vorstehenden sind die Einflüsse geschildert, die die Ausnutzung der Verbrennungswärme begünstigen und beeinträchtigen, es sind die Kennzeichen für eine gute Feuerführung gegeben. Das Hauptziel, das die Kontrolle verfolgt, muß aber sein, einen möglichst großen Betrag der in dem verbrannten Brennstoff enthaltenen Wärmeenergie für den eigentlichen Arbeitsvorgang nutzbar zu machen, mit anderen Worten: möglichst an Brennstoff zu sparen. Dies kommt besonders deutlich im sog. Leistungsversuch zum Ausdruck, der uns zeigt, wie die Wärmemengen, die der verbrannte Brennstoff enthielt, in den verschiedenen Stadien des Prozesses verbraucht sind und namentlich in welchem Maße sie für den mit der Hitze durchgeführten Prozeß nutzbar geworden sind. Dies Verfahren ist vergleichbar mit dem Vorgehen eines ordentlichen Kaufmanns, der auf der einen Seite seines Hauptbuches die Einnahmen bucht und auf der anderen Seite die verschiedenen Posten notiert, in denen diese Einnahmen ausgegeben sind (daher der Name Wärmebilanz). Dieses Verfahren ist besonders gründlich durchgearbeitet in den Dampfkesselleistungsversuchen. Dort können wir feststellen, wieviel Brennstoff wir dem Kessel zugeführt haben. Auf der andern Seite ist leicht festzustellen, wieviel Wasser von gegebener Temperatur verdampft und welche Wärmemengen dazu aufgewendet sind. Diese beiden Beträge decken sich durchaus nicht, sondern es ist ein beachtenswerter Unterschied zwischen ihnen vorhanden, der verursacht wird durch eine Reihe von Verlusten, und zwar

1. den Verlust im Unverbrannten, d. h. die Verluste an Brennstoff, die im Aschenfall unverbrannt der Feuerung entzogen sind. Diese Verluste können durch die Anpassung der Rostkonstruktion an die Art des verwandten Brennstoffs und durch die Sorgfalt der Bedienung weitgehend eingeschränkt werden;   ·

2. den Verlust durch unvollkommene Verbrennung (Auftreten von Ruß und unverbrannten Flammengasen). Diese Verluste können durch sorgfältige Bedienung der Feuerung vollständig beseitigt werden;

3. Verluste durch die Abgangstemperatur (Schornsteinverlust). Diese sind bis zu einem gewissen Grade einzuschränken, sie können durch die Verwertung der Abwärme für Vorwärmezwecke, in Überhitzern, in Rekuperatoren und Regeneratoren, in Abhitzekesseln usf. eingeschränkt werden, finden aber in der Erhaltung des Schornsteinzuges, der eine bestimmte Abgastemperatur verlangt, ihre Grenzen.

4. Verluste durch Leitung und Strahlung. In vielen Fällen können diese Verluste durch Isolierung des Mauerwerks eine Einschränkung erfahren. Sie sind um so höher, je höher die Temperatur ist, bei der der Prozeß vollzogen werden muß. Sie sind bei dem Dampfkessel, dessen Betriebstemperatur zwischen 120 und 200⁰ liegt, verhältnismäßig gering. Bei Industrieöfen mit hoher Betriebstemperatur (wie Glasschmelzöfen, Siemens-Martin-Öfen usw.) ungemein hoch.

Es dürfte sich empfehlen, das Beispiel einer solchen Wärmebilanz für einen Dampfkesselleistungsversuch mitzuteilen:

Wärmeaufwand	WE	%	Wärmeverbleib		WE	%
1 kg Kohle	7500	100	Nutzbar {	8,687 kg Dampf von 8,8 at aus Wasser von 18⁰ =	5585	74,5
			Verluste {	Unverbrannt im Aschenfall	225	3,0
				Unvollkomm. Verbrennung	—	—
				Schornsteinverlust . . .	1200	16,0
				Leitung u. Strahlung (Rest)	490	6,5
	7500	100			7500	100

Für die Glasschmelzöfen kann, wie für viele andere industrielle Feuerungen, ein ähnliches Bild nicht gegeben werden. Ja, in manchem Werk ist nicht einmal bekannt, wieviel Brennstoff für die Herstellung eines bestimmten Gewichtes des Erzeugnisses notwendig ist. Diese Feststellung ist sehr wichtig als Ergänzung der oben empfohlenen Kontrollen der Feuerführung und bedeutet einen wesentlichen Schritt vorwärts. Es muß aber das Ziel jeder fortschrittlichen Feuerungstechnik sein, durch eine Wärmebilanz ein genaues Bild über die Energieverteilung im betriebenen System geben zu können. Der Hauptgrund, warum wir diese Wärmebilanz für die Glasschmelzöfen nicht aufstellen können, liegt darin, weil uns die Kenntnis der Wärmemenge fehlt, die theoretisch notwendig ist, um aus dem Gemenge eine Einheit fertigen Glases zu erschmelzen. Soviel kann aber gesagt sein, daß eben infolge der hohen Strahlungs- und Abgangsverluste der Nutzeffekt des Glasschmelzofens sehr gering ist und sich zwischen 10 und 20% der aufgewandten Wärme bewegen dürfte. Ganz ähnlich liegen die Verhältnisse bei den Keramischen Öfen. Diese Verhältnisse zu bessern, ist eine der wichtigsten Zukunftsaufgaben der industriellen Wärmetechnik. Dies wird aber nicht möglich sein, ohne ein gründliches Verstehen der Natur der Brennstoffe und der Vorgänge, die sich bei ihrer Verbrennung abspielen. In dies Gebiet einzuführen, soll der Zweck des vorliegenden Schriftchens sein.

www.ingramcontent.com/pod-product-compliance
Lightning Source LLC
Chambersburg PA
CBHW081245190326
41458CB00016B/5930